首都经济贸易大学出版基金资助

复杂矿井通风系统稳定性研究

谢中朋
宋晓燕 ◎ 著

FUZA KUANGJING TONGFENG XITONG
WENDINGXING YANJIU

首都经济贸易大学出版社
Capital University of Economics and Business Press
·北京·

图书在版编目（CIP）数据

复杂矿井通风系统稳定性研究/谢中朋,宋晓燕著 . -- 北京:首都经济贸易大学出版社,2018.9

ISBN 978 - 7 - 5638 - 2859 - 3

Ⅰ.①复… Ⅱ.①谢… ②宋… Ⅲ.①矿井通风系统—研究 Ⅳ.①TD724

中国版本图书馆 CIP 数据核字（2018）第 209637 号

复杂矿井通风系统稳定性研究

谢中朋 宋晓燕 著

责任编辑	刘元春 田玉春	
封面设计	砚祥志远·激光照排 TEL: 010-65976003	
出版发行	首都经济贸易大学出版社	
地　　址	北京市朝阳区红庙（邮编 100026）	
电　　话	(010)65976483　65065761　65071505(传真)	
网　　址	http://www.sjmcb.com	
E - mail	publish@cueb.edu.cn	
经　　销	全国新华书店	
照　　排	北京砚祥志远激光照排技术有限公司	
印　　刷	北京七彩京通数码印刷有限公司	
开　　本	710 毫米×1000 毫米　1/16	
字　　数	216 千字	
印　　张	12.25	
版　　次	2018 年 9 月第 1 版　2018 年 9 月第 1 次印刷	
书　　号	ISBN 978 - 7 - 5638 - 2859 - 3/TD·3	
定　　价	42.00 元	

前　言

　　矿井通风系统是矿井生产系统中的重要组成部分,对保证生产的正常进行和防止灾害的发生有着至关重要的作用。通风系统是一个复杂的动态系统,影响通风系统稳定性的因素有很多,每个因素的变化都可能会引起整个系统的变化,甚至会导致事故的发生。因此,研究矿井通风系统的稳定性及其影响因素有着重要的现实意义。

　　复杂通风系统指的是包含多条大角联分支的系统,稳定性指的是系统受到干扰后恢复原来状态的能力。矿井通风系统稳定性的研究,主要是针对目前该领域内存在的一些问题而提出的,其目的是提高矿井通风系统的稳定性水平,从而可以防止和减少井下灾害事故的发生,保障矿井高产高效地运行。因此,进一步完善和改进现有矿井通风系统稳定性是增强通风系统稳定性研究的实效性、可行性和推广应用的关键,也是优化矿井通风设计、促进安全生产的一项重要任务。

　　关于通风系统稳定性的研究,某些国家在这方面研究比较早,他们将矿井通风系统可靠性定义为:矿井通风系统在运转过程中保持其工作参数值的能力,以维持井下所必须清洁风量的供应。该定义中,保持矿井通风系统工作参数值,其实质就是确保通风系统工作参数稳定,属于矿井通风系统稳定性的研究范畴。

　　20世纪90年代以来,系统工程理论在国内得到了广泛的应用,随后我国许多高校和同行业研究人员在通风系统稳定性方面进行了大量研究,并做出了很多成果,但大都局限于对某一类系统的研究,对影响通风系统稳定性的各种因素没有定量化,尤其是对于多风井矿井通风系统稳定性没有进行系统的研究。多风井通风系统的稳定性对确保大规模矿井的通风效果是极为必要的,因此,有必要对不同条件下多风井通风系统稳定性进行分析研究。

本书作者在整理前人的研究成果基础上,应用流体力学理论对影响通风系统稳定性的风网结构、通风机及外界因素进行了详细定量研究。从影响通风系统稳定的风网结构、主通风机及外界因素三个主要方面进行逐层深入分析。建立了通风系统稳定性方程,提出了基于敏感度的度量指标,推导了风机联合运行稳定性数学模型。通过对河南省永城市正龙煤业有限公司城郊煤矿进行现场实测,分析系统通风阻力的分布规律,并通过模拟解算发现存在的问题;根据网络计算结果分析提出了空气幕控风的方法,通过Fluent模拟及城郊矿现场试验得到了单、双机幕安装角与阻风性能的关系,为角联巷道风流控制提供了新的方法。建立了罐笼运行效应下的井筒空气流体动力学理论模型,得出罐笼顺风、逆风运行及交会时的活塞风速、活塞风压与罐笼运行速度及井筒风速的关系;定性地分析了罐笼运行效应对通风系统的影响程度。最后,作者对不同类型风机做出了数值模拟和噪声频谱分析,证实了风机具有特定的噪声特征频谱段,通过对风机噪声特征频谱对比分析可以为通风机性能变化的早期诊断提供依据;利用对风机噪声特征频谱段的分析可以对风机的运行状态进行快速判断,这为风机的检测工作提供了极大的帮助和便捷。

本书所介绍的研究成果是在河南省永城市正龙煤业有限公司城郊煤矿通风部领导及技术人员的大力支持下完成的,本书的出版得益于首都经济贸易大学出版社的支持和帮助,在此表示衷心的感谢。写作过程中参考了大量的书籍文献,特向各位作者致以由衷的感谢。

由于学识和水平有限,本书作为在矿井通风系统稳定性研究方面的探索和尝试,难免存在不足之处,敬请广大专家、读者朋友批评指正。

目　录

引言

1.1　研究背景及意义

1.1.1　研究背景

中华人民共和国成立后，我国煤矿共发生一次性死亡100人以上的特大事故25起，共死亡3 839人，除了2起水灾引起死亡的304人外，其余23起都是由瓦斯煤尘爆炸、煤与瓦斯突出、火灾事故引起，共死亡3 535人。数据指出：绝大多数煤矿重大灾害事故都与通风系统存在的问题有一定联系。

2010年全国煤矿30起较大瓦斯爆炸事故中，有23起是由于通风系统不合理、漏风大、循环风、风流短路及矿井总风量不足引起瓦斯积聚而导致的，此类事故数量占事故总数的76.7%。

2011年全国煤矿30起较大以上瓦斯爆炸事故中，有23起是由于通风系统不合理、局部通风机安装不合理及停电停风引起的。22起较大瓦斯爆炸事故中，有12起是由于通风系统不合理、风流短路、系统循环风或有效风量不足引起的。全国8起重大以上瓦斯爆炸事故中，有6起是由于局部通风机安装位置不符合规定或停电停风造成瓦斯积聚引起的。

2012年全国煤矿11起较大瓦斯爆炸事故中，有3起是由于局部通风机安装位置不符合规定形成循环风或风筒漏风、送风距离过长致使有效风量不足引起的；有2起是由于通风系统不稳定、通风设施不可靠造成风流短路，使主要用风地点风量不足引起的；有2起是由于停电停风引起的。

长期以来，发生在我国煤矿的多起恶性瓦斯爆炸事故有其偶然性，又有其必然性，主要原因在于通风系统不稳定造成瓦斯积聚所致。

1.1.1.1　通风系统不稳定

通风系统不稳定指在系统受到外界扰动时导致井下风流紊乱而造成瓦斯积聚。如2001年发生在陕西陈家山煤矿的重大瓦斯爆炸事故一次性死亡38人。该矿在生产区域通风系统没有完全成型的情况下就进行采掘活动。当时该区域的415掘进工作面的瓦斯浓度已达 $8m^3/min$，而该矿仅利用4台局扇供风，由于供风量的不足，导致掘进工作面风流不稳定，又因一台局部通风机未正常运行，电气失火引爆瓦斯所致。但该煤矿人员事后并没有接受事故教育，于2004年11月28日在415采煤工作面又发生瓦斯爆炸，死亡166人。2005年4月—7月，根据国务院第81号文件，国家组织了煤矿安全专家组对通风系统存在的问题进行"会诊"。

1.1.1.2　通风系统不合理

通风系统不合理指不及时安装通风设施。如2010年7月22日，某煤矿瓦斯爆炸，其原因是2个开切眼贯通后，没有及时构筑通风设施，风流从靠近盘区巷道的第二开切眼短路，造成作业地点无风，瓦斯积聚最终造成事故发生。

1.1.1.3　通风设施不可靠或位置不对

2004年10月20日郑州大平煤矿发生瓦斯突出，主要原因在于掘进工作面的回风系统设了调节风门，突出后大量高浓度瓦斯不能及时从回风系统排走，瓦斯逆流进入矿井总进风系统，架线电机车产生火花，引起瓦斯爆炸，造成148人丧生。2005年8月10日，某煤矿瓦斯爆炸，是由于外切眼处用风幛代替风门，质量低劣不起挡风作用，造成风流短路、工作面无风而形成瓦斯积聚导致瓦斯爆炸事故发生。2011年7月12日，某煤矿发生一起瓦斯爆炸事故，直接原因是在施工密闭时，未切断巷道四周的管线及金属物，也未掏槽，煤矿领导现场检查时发现密闭质量不合格，要求返工，在返工时无风作业，引爆了密闭内的瓦斯，最终爆炸。2000 年 9 月 27 日，贵州省水城木冲沟煤矿发生瓦斯爆炸事故，事故前，连接 +1800 水平大巷与采区回风下山的石门内 3 道风门中的 2 道被运送综采支架的平板车卡住不能关闭，另一道风门又被车撞变形，致使整个下山采区处于微风状态，用于排放一个掘进工作面瓦斯，工人拆卸矿灯时引起瓦斯爆炸。该事故波及除 +1800 水平大巷以外的井下所有系统，井下作业的 224 名矿工中，160 人遇难，11 人重伤。

1.1.2　研究意义

由于井下采掘活动、采区的接替、矿井开拓工程的延伸等工作使矿井风网结构处于动态的变化中，同时也使通风系统的稳定性处于动态的变化中，亦有可能使本来稳定的通风系统变得不稳定。虽然通风系统的风网结构是可以预先规划的，但由于存在通风巷道变形、阻塞使系统的风阻增大；井下通风设施的变形、老化使得系统内部漏风量增大；另外，如主要通风机、局部通风机存在磨损、锈蚀，使其性能逐渐降低、有效风量减小；罐笼、矿车等设备的运行、大气压变化、自然风压的变化对通风系统的冲击等问题，使可能本来稳定可靠的通风系统变得不稳定、不可靠。

由此可见，从整个矿井风网的稳定性角度出发，对影响风网稳定性的通风机、网络结构和外界因素进行深入研究，对于提高风网稳定性乃至可靠性，以及最大限度地减少事故的发生是极为重要的。

1.2　矿井通风系统稳定性国内外研究现状

复杂通风系统指包含多条大角联分支的系统，稳定性指系统受到干扰后恢复原来状态的能力。影响系统稳定性的主要因素有风网结构、通风动力设备和外界扰动等因素。其中风阻变化、矿井开拓延伸、通风设施改变等属风网结构因素；主要通风机、局部通风机运行状态或性能变化属通风动力设备因素；罐笼、矿车等设备的运行状态、大气压变化以及自然风压变化对系统的影响属外界扰动因素。

1.2.1　矿井通风系统稳定性研究现状

对于通风系统稳定性，国内外专家进行了大量研究，但大部分采用数值分析法，其中以里亚普诺夫（Lyapounov）提出的稳定性理论最为典型。

国内许多学者利用数理统计指标来衡量通风系统稳定性，陈建强等运用标准偏差分析法判断矿井系统稳定性程度。魏引尚等建立了风流稳定矩阵模型，通过风流变化的敏感性及稳定性指标对通风系统稳定性进行分析。

20 世纪 90 年代以来，系统工程理论得到了广泛应用，我国许多高校在通风系统稳定性、可靠性指标确定方面进行了大量研究，但总体上定性多、定量少。

国内学者对通风系统稳定性的研究主要集中于对风流方向的研究，主要采用风阻判别法，但这种方法对复杂通风系统风网分支的风向判别非常困难。随着计算机技术的发展及风网解算软件的开发，这个问题已经得到解决。但是对于分支风阻的变化对系统内其他分支的影响却没有解决。目前，对于风网内分支风流稳定性判别，尤其对于角联分支风向的判别一般采用网络解算或实验的方法。

刘剑认为通风系统各因素是随时间变化而变化的动态过程，对其变化规律进行分析的过程就是稳定性分析，应针对不同的网络结构、规模建立通风系统稳定性数学模型以对其稳定性进行分析。

吴超在对某分支风阻变化导致风网中所有分支风流变化研究基础上，提出分支敏感度的概念，并给出通风系统稳定性的判别式，该判别式对于多风井系统稳定性分析尤为适用。

陈开岩利用多层次模糊综合评价法提出主因素突出法和加权平均法，实现对系统稳定性的定量评价。

马云东利用系统论的原理，在对通风动力（主要通风机、局部通风机等）、调节设施及井巷分支相互影响研究基础上，构建通风系统可靠性理论模型。

王海桥提出分析通风系统稳定性的可修系统理论，对于通风系统稳定性、可靠性分析以及日常通风管理提供了理论依据。

魏建平建立通风系统不稳定性数学模型，利用压缩映射原理解决通风系统不稳定性数学模型不收敛的问题，为矿井风网解算程序编制提供数学基础。

徐瑞龙应用图论法，提出对通风网络的定量判别途径，建立复杂系统可靠度数学模型，采用通路法或半割集法通过构筑物的漏风率来评判矿井通风系统的可靠程度。

黄光球、陆秋琴确定井巷风阻与风量的非线性映射关系，构建影响通风系统稳定性的最大通风阻力路线的 RBF 神经网络模型，利用 RBF 模型确定井巷风阻变化对系统风流的影响，最后通过风流变化确定影响系统稳定性的主要分支。

赵永生利用线性回归法对通风系统的敏感风路进行求解，利用因变量 q_j 与自变量 r_i（$i=1, 2 \cdots n$）之间的相互关系对 q_j 进行预估时，采用线性回

归法就可得到 q_j 与 r_i（$i = 1，2 \cdots n$）的回归方程，并找出影响通风系统稳定性的主要因素，从而实现回归方程的最优化。

方（Fong）采用独立集的概念，使复杂矿井通风系统风网解算程序的编制得以实现，从而使网络解算工作实现计算机化。

伊尔森（Ilson）提出以井巷风量、有毒有害气体浓度、煤岩表面析出气体以及可燃气体为研究对象，对通风系统稳定性进行分析。

1.2.2　角联分支研究现状

由于角联分支风流较不稳定，因此对角联的识别、风向判断以及控制是通风系统稳定的核心。

1925 年继波兰专家切克佐特（Czeczott）第一次提出角联概念之后，拜斯特隆（Bystron）对其进行定义：在并联的两条分支之间，还有一条或几条分支相通的连接形式称为角联网路。

1976 年，法国学者西模（Simode）首次建立角联判别的数学模型，并提出角联分支识别的通路法和集合运算法，该模型只能判别角联分支，不能判别该角联分支的关联分支。

马恒等通过对角联网络风流稳定性的模拟分析，得出边缘风路风阻变化对角联风路的影响规律。

徐瑞龙建立单角联、T 型、V 型和 Y 型角联网络中角联分支的风流方向判别式。

郭建伟建立复杂通风系统角联风路中风流稳定性评价指标体系及评价准则。

李湖生提出基于节点位置的角联分支识别法。

刘新提出复杂系统通风网络平衡图的画法，该平衡图能够直观反映角联分支风流变化规律，可为角联风路对系统影响的研究提供便捷。

赵千里提出利用 e 型结构通路法对角联分支风量稳定性进行分析和判断的方法。

刘剑认为角联风路与通风系统参数无关，仅取决于网络拓扑关系。

贾进章等提出角联风路的关键影响风路及非关键影响风路的概念，并建立相应的数学模型。

1.2.3 通风系统灵敏度研究现状

国内外对通风系统灵敏度研究时间不长。在通风系统稳定性研究中，学者沙米尔（Shamir）提出风流灵敏度的概念，并将其与网络解算相结合，减少网络解算的迭代次数，提高网络解算效率。随后学者斯图纳（Stoner）把灵敏度概念引入天然气管网的解算当中，提高网络解算的精度。

波兰学者 A. 弗里奇根据通风网络结构对灵敏度做了详细深入的分析，并提出一种确定风量对风阻灵敏度矩阵中任意一列数值的计算方法。

吴勇华于 1990 年从矿井风量调节的角度建立了风量对分支风阻敏感度的数学模型，利用风量、分支风阻敏感度矩阵对该数学模型的计算方法进行简化，并给出分支影响度和被影响度的定义。

赵永生、许文兴等于 1993 年提出灵敏度衰减率的概念。通过求解基尔霍夫定律的微分方程组计算风量对风阻灵敏度。利用计算机模拟得到矿井通风网络的大量统计数据，得出风量灵敏度及衰减率随分支风阻的变化规律，并通过回归分析法得到灵敏度与风阻的关系式。将灵敏度和灵敏度衰减率用于通风网络稳定性分析，并给出评价通风系统稳定性的判别式。

西安科技大学的张强、吴奉亮、王雨、王红刚、史东涛等先后将灵敏度的概念引入风量异常分析中，即以风量实测值为基础，利用数理统计的方法对风量波动进行分析界定，进而找出导致风量异常的原因及可能后果，对矿井通风安全管理起到一定的辅助作用。

贾进章等于 2003 年分析角联分支对通风系统稳定性的影响，并给出灵敏度矩阵数值计算的算法。

王俭采通过用反复调用通风网络解算程序的方法求解风量对风阻灵敏度的数值解，提出相对灵敏度的定义及其几何意义，并利用风量对风阻灵敏度及全微分叠加原理预测风量变化量及风量波动范围。

1.2.4　风机故障诊断研究现状

主要通风机通风是矿井通风的主要形式，起到将新鲜空气送往井下、将污浊空气排到地面的作用，因此通风机的稳定运行是整个通风系统稳定的基础。当风机进入非稳定工况时，振动和噪声增强，叶片甚至整机产生强烈的震动，性能急剧降低，因此，当风机的工况点偏离稳定工况点范围时，找到消除办法对于提高通风系统稳定性是至关重要的。

20 世纪 80 年代随着计算机技术的发展，对大型设备的故障诊断逐步进入实用化阶段。期间各国竞相研制许多在线监测系统，如美国电力研究协会对主要通风机进行大量振动监测与故障诊断等方面的研究工作，并确定轴承振动监测的特征频谱段为 30kHz ~ 50kHz，利用该振动特征频谱段可以做到对风机故障的早期诊断，其有效性已在实践中得到证实。

近年来随着电子技术和人工智能技术的发展，风机故障诊断也进入频谱分析及神经网络和专家系统阶段。

冷军发和任志玲分别把基于细化分析和小波包分析应用到对风机的故障诊断研究当中；张红梅和王丹民在风机故障诊断中分别应用遗传、集成神经网络法和分布式数据采集系统；荆双喜提出基于小波分析和支持向量机的矿用通风机故障诊断方法；胡友林提出基于粗糙集的专家系统对主要通风机进行故障诊断；王洪德根据可修系统理论，推导出风机首次故障前平均寿命的计算公式，建立主要通风机子系统指标体系的判定模型和计算方法。拉梅尔（Lammel）采用主通风单元冗余法提高通风系统的稳定性。施罗德（Schroeder）根据统计法通过对大量风机故障进行统计，对风机故障进行了定义，即风机故障指的是主风机不能正常工作的时间超过20min。佩特罗夫（Petrov）利用统计法提出主通风机的可靠性是矿山安全和系统稳定的根本。瓦内夫（Vaneev）认为矿井通风系统优化的重要组成部分是电子机械的最佳设计。米切尔（Mitchell）采用可编程电子系统（PES）提出了局部通风的解决方法。马齐格尔（Marzilger）利用分析法得出风筒强度是辅助通风系统中最薄弱环节。斯塔丘拉克（Stachulak）利用统计法得出主要通风机在露天垂直安装优于水平安装。辛格（Singh）认为通风设施对提高通风系统效率、降低主要通风机故障起着重要作用。

1.2.5　矿井活塞风研究现状

井下罐笼、矿车等设备运行会对矿井通风系统产生一定的冲击，由于井下系统为受限空间，这些设备在井巷中运行会产生活塞风效应。活塞风效应对通风系统冲击具有随机性，当井下通风系统处于不稳定状态时，活塞风效应就有可能导致通风系统的紊乱。因此，探究矿井罐笼、矿车运行产生的活塞风效应对于保证通风系统的稳定性、可靠性有重要意义。

目前，国内外对活塞风效应的研究多限于对地铁及隧道活塞风的研究。且由于受实验条件的限制，各国多采用水流代替空气进行研究，如美国学者对隧道中列车运行产生的活塞风采用水槽法实验。由于水流相对于空气是不可压缩的，因此实验结果对地铁及隧道风流并不适用。另外日本及英国学者采用发射式压缩空气法对活塞风压力波进行了大量研究，该法研究结果精度较高，但实验装置操作难度极大，因此没有被广泛采用。

清华大学学生通过对北京地铁活塞风的现场测定，得到列车运行状态与活塞风的变化规律。王海桥对矿井井筒罐笼运行产生的活塞风效应进行数值模拟研究。吴超和王从陆对井巷矿车运行产生的活塞风进行理论分析及数值模拟。

各国学者虽然对活塞风的研究进行了大量工作，但都定性多、定量少。至今还没有人对矿井运输设备产生的活塞风进行过实测研究。

1.3 不足之处

从国内外学者的研究成果中可以看出：对通风系统稳定性研究理论很多，但都局限于某类系统，对影响通风系统稳定的各因素没有量化，尤其对多风井系统的稳定性没有系统研究，主要表现在如下几个方面。

1.3.1 矿井通风系统稳定性

稳定性研究多局限于利用数学推导或统计分析方法建立各种数学模型或判别式，对于多风井复杂系统来说可操作性不强。对于影响系统稳定性的关键因素如通风设施安装不合理，自然风压变化，大气压变化，通风阻力（沿程阻力、局部阻力），多风井系统阻力不平衡，罐笼、矿车等设备运行对系统的冲击等研究较少。

1.3.2 通风机故障研究

故障研究大多利用统计方法或数学推导建立通风机故障判定模型或评价指标体系。这些模型或评价方法无法发现通风机运行出现的早期故障，未涉及因通风机故障、老化等原因造成的风机性能降低对通风系统的影响。

1.3.3 角联风路研究

目前，国内外学者对角联分支研究多局限于对角联分支的识别、角联风流方向的判别以及角联风路的影响因素等方面，未涉及因各系统之间阻力分布不合理或因自然风压作用于上、下山巷道所导致的角联风路，角联风路对通风系统的利弊、角联风路的控制尤其是多风井系统角联风路的控制研究很少。

对于复杂通风系统，角联分支的存在是不可避免的。笔者认为角联分支的存在对通风系统的利弊是相对的，角联巷道的存在对通风系统既有有利的方面，又有不利的方面，衡量角联分支对通风系统的影响时要具体问题具体分析，关键要看是利大还是弊大。

笔者还认为在多风井系统中由于某一风井系统阻力太高而使该系统风量不足，此时如果使该系统的部分回风经系统之间的大角联流向另一风井系统，则可大大减小该系统的通风压力并加大该系统的供风量，并且矿井总风阻也会有所降低，此为角联分支有利的方面。但另一方面，此做法会使本来独立通风的两个风井系统不能独立通风，此为角联分支有弊的方面。对高瓦斯或自然发火矿井来说，系统供风量不足将会导致瓦斯积聚，通风阻力过高亦会加大采空区漏风，其带来的危害要比角联风路的存在要大得多。

1.4 主要研究内容

当前学术界对于罐笼运行、矿车运行等产生的活塞风对系统产生冲击，以及大气压随时间的变化、自然风压随季节变化对系统会有影响，已达共识，但大都停留在定性阶段。在不同条件下其对系统影响的程度并无确定的数值。本书拟对以上问题进行实验找到精确的数值。本书在前人研究基础上，针对前人研究定性多、定量少的问题，从影响系统稳定性的风网结构和外界因素入手，逐层分析，对影响系统稳定的基本因素进行实验研究，找出其对通风系统影响的程度。本书研究内容主要包括以下几个方面。

（1）建立通风系统稳定性数学模型与度量方法，对影响矿井通风系统稳定性的内外部因素进行研究，探讨系统风阻与风机性能间的相互影响关系。

（2）从整个矿井风网稳定性的角度出发，对影响通风系统稳定性的各因素进行研究，如角联巷道、通风设施、自然风压、大气压变化及罐笼矿车等设备运行状态对系统的冲击及稳定性影响等方面进行详细研究。

（3）以城郊矿为例通过现场实测找出通风系统阻力分布规律及存在的问题，研究如何控制多风井系统存在的大角联以及如何提高风网的稳定性、可靠性。

（4）建立单、双机空气幕局部阻力数学模型，结合城郊矿井下控风需要，通过计算机模拟及现场实验对单、双机幕在不同安装角度下的阻风性能进行分析，验证空气幕对井下巷道风流控制的可行性。

（5）对设备顺、逆风运行的活塞风效应进行理论和实验研究。首先通过计算机模拟设备运行状态对系统风网的影响；然后对大气压变化、自然风压、罐笼提升以及矿车运行活塞风效应大小进行多次实验，找出影响系统风网的主要因素，提出降低对系统影响的措施。

（6）对矿井主通风机运行稳定性判别进行研究。根据风机具有固有噪声频谱这一特性，通过实验室"矿山安全智能监测仿真系统"及现场对通风机在不同状态（稳定、不稳定）时的性能进行实验和计算机模拟，对风机在不同性能下各个工况点的声压级进行频谱分析，找出风机的噪声特征频谱段，利用噪声特征频谱法研究风机稳定性的早期判断。

1.5　技术路线

结合查阅资料、理论分析、现场实验、实验室实验以及计算机模拟等方法对复杂矿井通风系统稳定性进行研究，技术路线如图 1.1 所示。

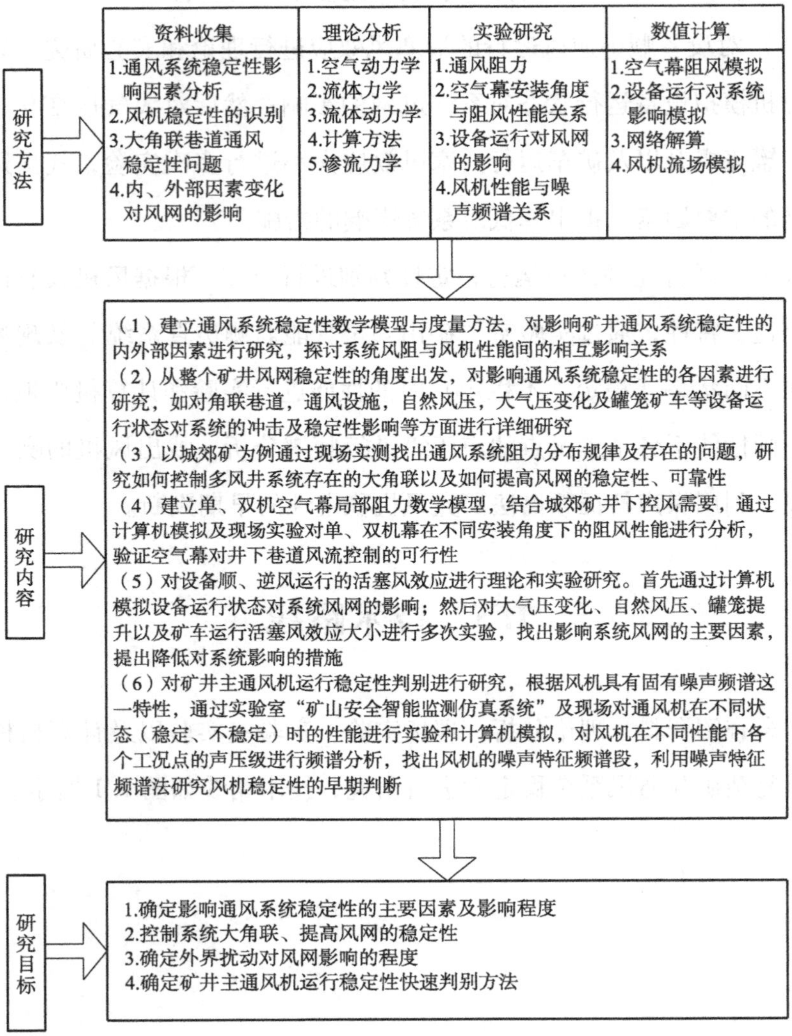

资料收集	理论分析	实验研究	数值计算
1.通风系统稳定性影响因素分析 2.风机稳定性的识别 3.大角联巷道通风稳定性问题 4.内、外部因素变化对风网的影响	1.空气动力学 2.流体力学 3.流体动力学 4.计算方法 5.渗流力学	1.通风阻力 2.空气幕安装角度与阻风性能关系 3.设备运行对风网的影响 4.风机性能与噪声频谱关系	1.空气幕阻风模拟 2.设备运行对系统影响模拟 3.网络解算 4.风机流场模拟

研究方法

（1）建立通风系统稳定性数学模型与度量方法，对影响矿井通风系统稳定性的内外部因素进行研究，探讨系统风阻与风机性能间的相互影响关系

（2）从整个矿井风网稳定性的角度出发，对影响通风系统稳定性的各因素进行研究，如对角联巷道，通风设施，自然风压，大气压变化及罐笼矿车等设备运行状态对系统的冲击及稳定性影响等方面进行详细研究

（3）以城郊矿为例通过现场实测找出通风系统阻力分布规律及存在的问题，研究如何控制多风井系统存在的大角联以及如何提高风网的稳定性、可靠性

（4）建立单、双机空气幕局部阻力数学模型，结合城郊矿井下控风需要，通过计算机模拟及现场实验对单、双机幕在不同安装角度下的阻风性能进行分析，验证空气幕对井下巷道风流控制的可行性

（5）对设备顺、逆风运行的活塞风效应进行理论和实验研究。首先通过计算机模拟设备运行状态对系统风网的影响；然后对大气压变化、自然风压、罐笼提升以及矿车运行活塞风效应大小进行多次实验，找出影响系统风网的主要因素，提出降低对系统影响的措施

（6）对矿井主通风机运行稳定性判别进行研究，根据风机具有固有噪声频谱这一特性，通过实验室"矿山安全智能监测仿真系统"及现场对通风机在不同状态（稳定、不稳定）时的性能进行实验和计算机模拟，对风机在不同性能下各个工况点的声压级进行频谱分析，找出风机的噪声特征频谱段，利用噪声特征频谱法研究风机稳定性的早期判断

研究内容

1.确定影响通风系统稳定性的主要因素及影响程度
2.控制系统大角联、提高风网的稳定性
3.确定外界扰动对风网影响的程度
4.确定矿井主通风机运行稳定性快速判别方法

研究目标

图1.1　技术路线图

通风系统稳定性影响因素分析

按照"控制论"的观点，系统的稳定性是指当系统受到外界扰动时，系统恢复到初始状态的能力。对通风系统来说，当受到内外界因素扰动或风网结构发生变化时，通风系统能够恢复到原来的稳定状态，则该通风系统就是稳定的，反之，就是不稳定的。

2.1 影响通风系统稳定性的主要因素

矿井通风系统的稳定性是指系统风网结构发生变化或受到外界扰动时，系统能够恢复原来状态的能力。生产矿井一般情况下处于相对稳定的状态，即各井巷分支风流分配受系统风阻、风压影响而处于动态的平衡状态。随着矿井生产的接续，井下巷道、矿井阻力分布、通风设施、通风机等都会发生变化，致使各网络分支的风量也随之发生变化。当内外扰动对系统各分支风量的影响超过其恢复能力时就会导致通风系统紊乱，对矿井安全生产造成严重影响。因此，研究系统网络分支各参数的变化对通风系统的影响，对于保证通风系统的稳定性具有重要意义。

影响系统稳定性的因素可分为内部因素和外部因素两类。内部因素主要包括通风机和风网结构，外部因素主要包括罐笼矿车等设备的运行、自然风压及大气压变化对系统的冲击。主要影响因素结构层次如图 2.1 所示。

2.1.1 风网结构影响因素

2.1.1.1 角联巷道

通风系统中各井巷分支的基本连接形式有串联、并联和角联三种，不

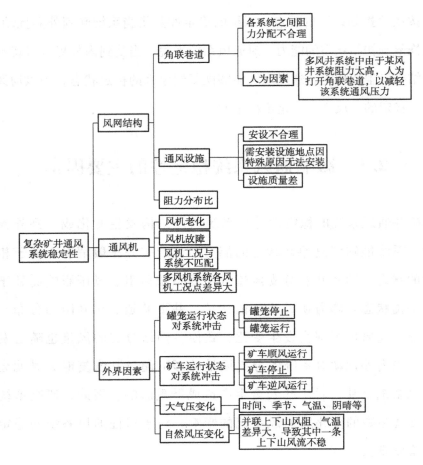

图2.1 影响系统稳定性的各因素层次关系图

同的连接形式具有不同的通风特性和安全效果。仅由串联和并联组成的网路，称为简单通风网路，其稳定性强；含有角联分支，通常是包含多条角联分支的网路，称为复杂角联网路，在角联网路中，旁侧分支风阻的变化可能引起角联分支风流的改变，由于角联分支风流方向的不稳定性，导致角联网路的稳定性较差。因此，角联分支一方面易于调节风流方向；另一方面高瓦斯矿井或火灾时期角联分支风流的不稳定性，易引发矿井灾害事故并使范围扩大。目前国内外学者对角联分支问题已作了大量研究。

不同的角联分支对角联的稳定性要求也不同，当井下某些用风地点为角联分支时，由于角联风流的不稳定性，该用风地点的风量会减小到需风量以下，甚至出现风流停滞或反向现象，这种角联称为有害角联。由于角联巷道对通风系统有降阻作用，对于无害角联应有计划地加以利用，如在低瓦斯、无自然发火危险性的多风井系统中某一风井系统阻力太高而使该系统风机处于喘振区运行，此时如果使该系统的部分回风经系统之间的大角联流向另一风井系统，则有助于降低矿井总风阻，提高该风井系统的稳定性。

2.1.1.2 通风设施

理论上，对单风井系统只要增加通风设施就会造成主要通风机工况点上移；对多风井系统来说，某个系统增加通风设施会造成其他风井系统风机工况点下移，有利于其他风井系统的稳定性。通风设施安设的主要目的是为了实现井下风量的按需分配，其实质是通过对某一巷道增阻而增加旁侧支路风量的方法来实现井下系统的风量调节，因此，构筑合理的通风设施有助于提高通风系统的稳定性。对风桥来说以上做法相当于加大了系统的局部阻力，不利于通风系统的稳定性；而风门、风窗及密闭墙因调风需要，只要具有一定的抗冲击性且安设地点合理即可，虽然增大了系统分支巷道的风阻但不能认为其影响了系统的稳定性。

某些矿井通风系统不具有最大通风阻力路线，即系统任一分支皆装有通风设施，对这类系统来说，通风设施安设是极为不合理的，其对主要通风机的稳定运行及整个通风系统的稳定性极为不利，任一主要风路的风阻增大就可能导致风机的失稳及通风系统的紊乱。

2.1.1.3 阻力分布

根据风流在通风系统网络中的位置及风流质量，通风巷道可分为进风段、用风段和回风段三部分，其通风阻力分布的合理比值为3:4:3，由于受到采掘接续活动影响，矿井阻力分布将呈现动态的变化。另外，随着井下用风地点的变化，且为实现风量的按需分配，经常采用增阻调风的办法来实现矿井的按需分风，受增阻影响，矿井通风网路中各分支的风量、阻力也会随之改变。合理的进风段、用风段和回风段阻力比是保证矿井通风系统稳定性、可靠性的重要条件，如果进风段、回风段阻力过高，会造成矿井通风不畅，同时对灾变时期的风流控制（如反风）也极为不利。

由于个别巷道阻塞、巷道变形及积水存污使巷道有效过风断面变小，如果这些巷道处于采区或矿井的主要进、回巷系统中，将会导致进风段、回风段阻力过大，而对风机的稳定运行及整个系统的稳定性造成不良影响。

2.1.2   通风机

对于单风井系统的矿井，当主风机工况点接近风机喘振点，总回风巷阻力过大或自然风压为负时，就可能导致风机处于不稳定运行状态。对于多风井系统来说，公共风路风阻的变化、某个风井系统主风路风阻改变或风机性能改变都会导致风机工况点的变化。如公共风路风阻增大会导致所有风机工况点沿特性曲线上移；某一系统主风路风阻增大会使本系统风机工况点上移、风机发生喘振的可能性增大，而其他系统风机工况点下移、发生喘振的可能性降低。

由于矿井阻力等于风机风压与自然风压之差，系统各井巷风量及风压分配主要取决于风机性能、风网结构及井巷风阻。在忽略自然风压及风网结构不变的情况下，任一风井系统风机工况点的变化都会引起各井巷风量风压的重新分配。多风井系统中风机的工况点差异越小、公共段风阻越小，则通风系统越稳定。

局部通风机在通风系统中主要满足掘进工作面的供风需要，相当于在某个风路中加了一定的通风动力，局部通风机与主要通风机是串联关系，虽然对局部风网有一定影响，但可以起到助帮助通风的作用，因此对通风系统稳定性的影响是局部的、正面的。

2.1.3　外界因素

2.1.3.1　设备运行

矿车运行、罐笼提升是维持矿山正常生产的一项基本工作，由于井下巷道为受限空间，罐笼、矿车等运行设备占据部分井巷空间，当矿车运行或罐笼提升时会造成井巷断面气流的动态变化，这就相当于在井巷中增加了一个动态的调节风窗，进而导致井巷局部阻力产生动态变化。设备运行还会在设备前方形成局部正压区，在设备后方形成局部负压区，这样设备前后产生的瞬时压差促使空气向设备运行方向的流动称为活塞效应；另外，由于设备与空气间摩擦作用而产生向设备运行方向的流动空气称为诱导风流，设备逆风运行时这种效应尤其明显。因此井巷中设备运行产生的活塞风效应及其导致的井巷断面气流的动态变化会对风网的风量、风压分配及局部阻力产生影响，最终影响通风系统的稳定性。

2.1.3.2　自然风压

矿井某一回路中两侧空气柱的相对湿度、温差及进回风井筒高差是导致自然风压产生的主要因素。地面风温、风流同围岩的热湿交换是影响相对湿度及温差的主要因素。由于一年四季地面风温，甚至昼夜之间都有明显变化，而风流与围岩的热湿交换使井下回风系统中的气温和相对湿度随季节变化不大。因此，自然风压主要随着季节不同而呈现周期性的变化。对于立井开拓的矿井，由于主风机一般安装在地势较高的井口，回风井内气温常年基本恒定、湿度基本饱和。在冬季，进风井筒气温及湿度均较回风井筒低，由于空气密度同温度及湿度成反比，因此冬季进风井筒空气比回风井筒空气重，自然风压也相应较大，此时自然风压与机械风压作用方向一致，会使主要通风机工况点沿特性曲线下移，因此风机风量增加、风压减小，有助于矿井通风。在夏季，地面气温较高、湿度较大，因此自然风压相应较小。但只要自然风压不小于 0，都有助于矿井通风。对于机械通风矿井，如果夏季主要通风机工况点在高效区，则自然风压对整个通风系统的稳定性无影响。

对于井下局部系统来说，如两个并联的下行通风斜井，若其中一条斜井阻力较大且风温较高，则在这两个并联斜井形成的系统中会产生自然风压，当自然风压大于等于机械风压时，阻力较大的斜井风流就会反向流动或停滞。

2.1.3.3　大气压变化

大气压随海拔高度的增加而降低。此外，大气压还与空气温度、湿度相关，温度越低、湿度越小则大气压越大。因此，在同一地区，随着季节不同大气压也不同，即使在同一季节，大气压每天也会有较大的变化。根据测定，地面大气压在 1 年内的变化量可达 5 kPa ~ 8 kPa，1 天内的最大变化量可达 2 kPa ~ 4 kPa。地面大气压的变化，必然会对系统风网造成一定的冲击，因此大气压变化也是影响通风系统稳定性的一个重要因素。

2.2　通风系统稳定性理论分析

2.2.1　通风系统稳定性判定指标

通风系统中任一分支风阻 r_j 的变化都会对其他分支的风量造成影响。设某分支风阻 r_j 的变化量为 Δr_j，风网中某一分支 i 的风量 q_i 变化量为 $\pm\Delta q_i$，当 $|\Delta r_j|\to 0$ 时，则可得分支 i 的风量 q_i 相对分支 j 的风阻变化的敏感度方程为：

$$s_{ij} = \lim_{|\Delta r_j|\to 0}\frac{\Delta q_i}{\Delta r_j} = \frac{\partial q_i}{\partial r_j} \tag{2.1}$$

上式可利用下式（2.2）所示的通风网络解算数学模型进行求解：

$$\begin{cases} \sum_{i=1}^{n}\alpha_{ki}\dfrac{\partial q_i}{\partial r_j} = 0 \\[2mm] \sum_{i=1}^{n}2b_{li}r_j\mid q_i\mid\dfrac{\partial q_i}{\partial r_j} - \sum_{i=1}^{n}b_{li}\dfrac{\partial h_{zi}}{\partial r_j} - b_{li}\dfrac{\partial h_{fl}}{\partial r_j} = 0（设\ r_j \neq r_i） \\[2mm] \sum_{i=1}^{n}2b_{li}r_i\mid q_i\mid\dfrac{\partial q_i}{\partial r_j} - \sum_{i=1}^{n}b_{li}q_i\mid q_i\mid - \sum_{i=1}^{n}b_{li}\dfrac{\partial h_{zi}}{\partial r_j} - b_{li}\dfrac{\partial h_{fl}}{\partial r_j} = 0（设\ r_j \neq r_i） \end{cases} \tag{2.2}$$

式中：q_i ——第 i 条分支的风量，m^3/s；

$\quad\quad r_j$ ——第 j 条分支的风阻，$N\cdot s^2/m^8$；

$\quad\quad h_{zi}$ ——第 i 条分支的自然风压，Pa；

$\quad\quad h_{fl}$ ——独立回路 l 的机械风压，Pa；

$\quad\quad \dfrac{\partial h_{zi}}{\partial r_j}$ ——第 i 条分支自然风压对风阻 r_j 的导数；

$\quad\quad \dfrac{\partial h_{fl}}{\partial r_j}$ ——独立回路 l 中机械风压对风阻 r_j 的导数；

m ——网络节点总数；

n ——网络分支总数；

c ——独立回路数；

α_{ki} ——与节点 k 相连的第 i 条分支的风向系数：

$$\alpha_{ki} = \begin{cases} 1, \text{当第 } i \text{ 条分支的流体流入节点 } k \text{ 时,} \\ 0, \text{当第 } i \text{ 条分支不与节点 } k \text{ 相连时,} \\ -1, \text{当第 } i \text{ 条分支的流体流出节点 } k \text{ 时;} \end{cases}$$

b_{li} ——独立回路 l 中，第 i 条分支的风向系数：

$$b_{li} = \begin{cases} 1, \text{独立回路 } l \text{ 中第 } i \text{ 条分支的风流为正向风流时,} \\ 0, \text{独立回路 } l \text{ 中不包含第 } i \text{ 条分支时,} \\ -1, \text{独立回路 } l \text{ 中第 } i \text{ 条分支的风流为负向风流时。} \end{cases}$$

对于 n 条分支的通风系统，其敏感度矩阵 D 为：

$$D = \begin{pmatrix} s_{11} & \cdots & s_{1n} \\ s_{21} & \cdots & s_{2n} \\ \vdots & \vdots & \vdots \\ s_{n1} & \cdots & s_{nn} \end{pmatrix} \tag{2.3}$$

对 (2.3) 所示敏感度矩阵，令：

$$U_j = \sum_{i=1}^{n} |s_{ij}| \quad (j = 1, 2 \cdots, n) \tag{2.4}$$

式中：U_j ——对分支 j 的影响度。

在敏感度矩阵中，令：

$$S_i = \sum_{i=1}^{n} |s_{ij}| \quad (i = 1, 2 \cdots, n) \tag{2.5}$$

式中：S_i ——分支 i 在通风网络中的敏感度。

敏感度一般采用网络解算的 Cross 法进行迭代计算。迭代法的基本思想就是直接从敏感度定义出发，结合网络解算的 Cross 法，进行迭代计算，构造迭代序列 $\{s_{ij}^{(k)}\}(k=0,1,2\cdots)$。第 k 次迭代时给 r_j 一个小的扰动 $\mathrm{d}r_j^{(k)}$，设引起 i 分支流量由 $q_i^{(k-1)}$ 变化为 $q_i^{(k)}$，$q_i^{(k)}$ 由网络解算求得。根据式（2.1），第 k 次迭代结果，即敏感度 $s_{ij}^{(k)}$ 的迭代格式为：

$$s_{ij}^{(k)} = \frac{q_i^{(k)} - q_i^{(k-1)}}{r_j^{(k)} - r_j^{(k-1)}} = \frac{q_i^{(k)} - q_i^{(k-1)}}{\mathrm{d}r_j^{(k)}} \tag{2.6}$$

逐次减小扰动值 $\mathrm{d}r_j^{(k)}$，设 $\mathrm{d}r_j^{(k)} = \dfrac{\mathrm{d}r_j^{(k-1)}}{\omega}$，直到 $|s_{ij}^{(k)} - s_{ij}^{(k-1)}| = 0$ 时终止计算。其中 ω 为加速因子，$1 < \omega < +\infty$；ε 为计算精度。迭代计算步骤如下：

第一，已知 $r_j(j=1,2\cdots,n)$，用 Cross 法进行网络解算，求得各分支流量 q_i。

第二，令 $s_{ij}^{(0)} = 0(i=1,2\cdots,n)$，$k=1$，$\mathrm{d}r_j^{(k)} = \dfrac{r_i}{\xi}$，$r_j^{(k)} = r_j + \mathrm{d}r_j^{(k)}$，$\xi > 1$。

第三，用 Cross 法进行网络解算，可得 r_j 变为 $r_j + \mathrm{d}r_j^{(k)}$ 后 i 分支流量 $q_i^{(k)}(i=1,2\cdots,n)$。

第四，计算第 k 步的敏感度，$s_{ij}^{(k)} = \dfrac{q_i^{(k)} - q_i}{r_j^{(k)} - r_j} = \dfrac{q_i^{(k)} - q_i}{\mathrm{d}r_j^{(k)}}$ $(i=1,2\cdots,n)$。

第五，如果 $\max\{|s_{ij}^{(k)} - s_{ij}^{(k-1)}|\} \geqslant \varepsilon$，则令 $\mathrm{d}r_j^{(k+1)} = \dfrac{\mathrm{d}r_j^{(k)}}{\omega}$，$k+1 \to k$，转到第三步；否则，记录计算的敏感度矩阵中的第 j 列，即 $s_{ij} = s_{ij}^{(k)}$

$(i = 1,2\cdots,n)$，转入第六步。

第六，令 $j+1 \to j$，如果 $j \le n$，转到第二步，否则继续迭代。

2.2.2 稳定性度量方法

由式 $s_{ij} = \lim\limits_{|\Delta r_j| \mapsto 0} \dfrac{\Delta q_i}{\Delta r_j} = \dfrac{\partial q_i}{\partial r_j}$ 可以看出，敏感度 s_{ij} 表示某分支风量 q_i 随风阻 r_j 的变化量，即 s_{ij} 越大，在 Δr_j 相同情况下，Δq_i 也越大。因此，欲使某分支风流稳定，须：

$$\alpha = \sum_{i=1}^{n} \frac{|s_{ij}|}{n} \to \min \qquad (2.7)$$

而欲保证整个通风系统的稳定性，须：

$$\beta = \sum_{i=1}^{n} \sum_{j=1}^{n} \frac{|s_{ij}|}{n^2} \to \min \qquad (2.8)$$

上式即为判定通风系统稳定性的条件式。

对某一风网系统，如某分支 a 的稳定性优于分支 b，则有：

$$\sum_{j=1}^{n} |s_{aj}| < \sum_{j=1}^{n} |s_{bj}| \qquad (2.9)$$

对多风井系统，如系统 A 的稳定性高于系统 B，则有：

$$\sum_{i=1}^{n_A} \sum_{j=1}^{n_A} |s_{ij}^{(A)}| < \sum_{i=1}^{n_B} \sum_{j=1}^{n_B} |s_{ij}^{(B)}| \qquad (2.10)$$

上式可作为评价通风系统稳定性优劣的条件之一，也可用于比较通风系统优化方案的优劣。

2.3 多台主要通风机的稳定性分析

2.3.1 单台主要通风机的性能变化

如图 2.2 所示的单风井系统性能曲线，其主通风机性能变化前风压方程为：

$$r_0 q_0^2 - h_I = 0 \qquad (2.11)$$

当主要通风机性能由 I 变到 I′时，各参数均要改变，其风压方程为：

$$r_0 (q_0 + \Delta q_0)^2 - h_{I'} = 0$$

$$r_0 q_0^2 + 2 r_0 q_0 \Delta q_0 + r_0 (\Delta q_0)^2 - h_{I'} = 0 \qquad (2.12)$$

由图 2.2 可知：

$$h_{I'} = h_I + \Delta h_I - \Delta q_I \tan\alpha \qquad (2.13)$$

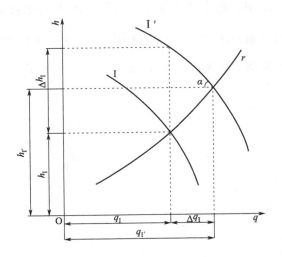

图 2.2 单风井系统性能曲线

将式（2.11）、式（2.13）代入（2.12），且舍去二次项 $r_0(\Delta q_0)^2$ 得：

$$2r_0 q_0 \Delta q_0 + \Delta q_{\mathrm{I}}\tan\alpha - \Delta h_{\mathrm{I}} = 0 \tag{2.14}$$

因为 $\Delta q_0 = \Delta q_{\mathrm{I}}$，则：

$$\Delta q_{\mathrm{I}} = \frac{\Delta h_{\mathrm{I}}}{2r_0 q_0 + \tan\alpha} \tag{2.15}$$

式（2.11）~式（2.15）中：

h_{I}、$h_{\mathrm{I}'}$——风机性能曲线分别为 Ⅰ、Ⅰ′时的风机风压，Pa；

Δh_{I}——风机性能曲线由 Ⅰ 变为 Ⅰ′时风机风压的变化量，Pa；

Δq_{I}——风机性能曲线由 Ⅰ 变为 Ⅰ′时风机风量的变化量，m^3/s；

r_0——系统风阻，$N \cdot s^2/m^8$；

q_{I}——风机性能曲线为 Ⅰ 时风机风量的变化量，m^3/s。

2.3.2 多台通风机的性能变化

在多风井系统中，某个系统主要通风机工况点变化会对其他系统的主要通风机乃至整个通风系统的风量、风压（h_i，q_i）造成影响。

利用图 2.3 为例，说明改变量的确定过程，即为工况稳定分析的数学模型模拟过程。

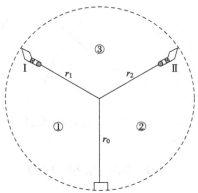

图 2.3 多风机联合运行示意图

在回路①中，主要通风机性能变化前的风压平衡方程为：

$$r_0 q_0^2 + r_1 \Delta q_1^2 - h_{\mathrm{I}} = 0 \tag{2.16}$$

当 I 变为 I ′时，其风压方程为：

$$r_0 (q_0 + \Delta q_0)^2 + r_1 (q_1 + \Delta q_1)^2 - h_{\mathrm{I'}} = 0 \tag{2.17}$$

因为 $\Delta q_0 = \Delta q_1 + \Delta q_2$，再将式（2.13）代入式（2.17）得：

$$r_0 (q_0 + \Delta q_1 + \Delta q_2)^2 + r_1 (q_1 + \Delta q_1)^2 - h_{\mathrm{I}} - \Delta h_{\mathrm{I}} + \Delta q_1 \tan\alpha_{\mathrm{I}} = 0 \tag{2.18}$$

将式（2.18）展开后减去式（2.16），并舍去 Δq 的二次项得：

$$2 r_0 q_0 \Delta q_1 + 2 r_0 q_0 \Delta q_2 + 2 r_1 q_1 \Delta q_1 - \Delta h_{\mathrm{I}} + \Delta q_1 \tan\alpha_{\mathrm{I}} = 0 \tag{2.19}$$

因为 $\Delta q_1 = \Delta q_{\mathrm{I}}$，则：

$$\Delta q_{\mathrm{I}} = \frac{\Delta h_{\mathrm{I}}}{2 r_0 q_0 + 2 r_1 q_1 + \tan\alpha_{\mathrm{I}} + 2 r_0 q_0 \Delta (q_2 / q_1)} \tag{2.20}$$

在回路②中，主要通风机的特性曲线不变，仅是工况点改变，故：

$$\Delta h_{\mathrm{II}}{}' = h_{\mathrm{II}} - \Delta q_{\mathrm{II}} \tan\alpha_{\mathrm{II}} \tag{2.21}$$

回路②的原风压平衡方程为：

$$r_0 q_0^2 + r_2 q_2^2 - h_{\mathrm{II}} = 0 \tag{2.22}$$

当主要通风机性能改变后其方程为：

$$r_0 (q_0 + \Delta q_0)^2 + r_2 (q_2 + \Delta q_2)^2 - \Delta h_{\mathrm{II}}{}' = 0 \tag{2.23}$$

因为 $\Delta q_0 = \Delta q_1 + \Delta q_2$，再将式（2.21）代入式（2.23）得：

$$r_0 (q_0 + \Delta q_1 + \Delta q_2)^2 + r_2 (q_2 + \Delta q_2)^2 - h_{\mathrm{II}} + \Delta q_{\mathrm{II}} \tan\alpha_{\mathrm{II}} = 0 \tag{2.24}$$

将式（2.24）展开后减去式（2.22），并舍去 Δq 的二次项得：

$$2 r_0 q_0 \Delta q_1 + 2 r_0 q_0 \Delta q_2 + 2 r_2 q_2 \Delta q_2 + \Delta q_{\mathrm{II}} \tan\alpha_{\mathrm{II}} = 0 \tag{2.25}$$

因为 $\Delta q_2 = \Delta q_{\mathrm{II}}$，则：

$$\Delta q_{\mathrm{II}} = \frac{-2 r_0 q_0}{2 r_0 q_0 + 2 r_2 q_2 + \tan\alpha_{\mathrm{II}}} \Delta q_1 \tag{2.26}$$

令：
$$K = \frac{-2r_0 q_0}{2r_0 q_0 + 2r_2 q_2 + \tan\alpha_{\text{II}}} \qquad (2.27)$$

则：
$$\Delta q_{\text{II}} = K\Delta q_1, \quad \Delta q_2 = K\Delta q_1 \qquad (2.28)$$

计算过程是由式（2.27）计算求出 K 值；然后求出 Δq_1，Δq_1 及 Δq_2，Δq_{II}；再求出 Δq_0。

2.3.3　通风机工况敏感度分析

仍以图 2.3 为研究对象。当系统中的风阻 $r_i (i = 0, 1, 2)$ 改变时，对主要通风机的工况就会产生影响，这就需要对通风机工况的敏感度进行分析。先将通风机风量风压特性曲线与系统风阻 r_0，r_1，r_2 曲线画出来，风阻曲线 r_0 与风机风量风压曲线 III 的交点即为等效通风机 $\mathbf{M}_{\text{III}}$ 的工况点。首先讨论 r_0 对等效通风机 $\mathbf{M}_{\text{III}}$ 的影响。

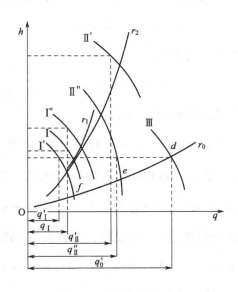

图 2.4　多风机性能改变

2.3.3.1　系统总风阻对风机工况点的影响

建立 r_0，Ⅲ曲线方程（曲线如图2.4）：

$$h = a_{Ⅲ1}q^2 + a_{Ⅲ2}q + a_{Ⅲ3} \qquad (2.29)$$

$$h = r_0 q^2 \qquad (2.30)$$

对上述两个方程联立求解，即可求出等效通风机 $M_Ⅲ$ 的工况点，即：

$$f = r_0 q^2 - (a_{Ⅲ1}q^2 + a_{Ⅲ2}q + a_{Ⅲ3}) = 0 \qquad (2.31)$$

对 f 进行关于 r_0 的全微分：

$$\frac{\partial f}{\partial r_0} = q^2 + (2r_0 q - 2a_{Ⅲ1}q - a_{Ⅲ2})\frac{\mathrm{d}q}{\mathrm{d}r_0} \qquad (2.32)$$

当令 $\frac{\partial f}{\partial r_0} = 0$，则：

$$\frac{\mathrm{d}q}{\mathrm{d}r_0} = \frac{-q^2}{2r_0 q - 2a_{Ⅲ1}q - a_{Ⅲ2}} \qquad (2.33)$$

当令 $\frac{\mathrm{d}q}{\mathrm{d}r_0} = 0$，则：

$$\frac{\partial f}{\partial r_0} = q^2 \qquad (2.34)$$

以上表明：当风阻 r_0 增大时，风机Ⅰ，Ⅱ工况点 f，e 随之上升，等效通风机 $M_Ⅲ$ 的工况点也随之上升；当风阻 r_0 减小时，风机Ⅰ，Ⅱ工况点 f，e 随之下移，等效通风机 $M_Ⅲ$ 的工况点也随之下移。因此，在多风井通风系统设计中要尽量减小公共进风段的风阻，对于井下风流尽量做到早分流、晚汇合，以减小系统通风阻力。

2.3.3.2　单个系统风阻对风机工况点的影响

首先，建立如图2.3中回路③的风压方程为：

$$f = r_1 q_1^2 + (a_{Ⅱ1}q^2 + a_{Ⅱ2}q + a_{Ⅱ3}) - r_2 q_2^2 - (a_{Ⅲ1}q^2 + a_{Ⅲ2}q + a_{Ⅲ3}) = 0$$

先设 r_1 改变，对上式取偏导数：

$$\frac{\partial f}{\partial r_1} = q_1^2 + 2r_1q_1\frac{\mathrm{d}q_1}{\mathrm{d}r_1} + \frac{\mathrm{d}(a_{\mathrm{I}1}q^2 + a_{\mathrm{I}2}q + a_{\mathrm{I}3})}{\mathrm{d}r_1}$$

$$-2r_2q_2\frac{\mathrm{d}q_2}{\mathrm{d}r_1} - \frac{\mathrm{d}(a_{\mathrm{II}1}q^2 + a_{\mathrm{II}2}q + a_{\mathrm{II}3})}{\mathrm{d}r_1} = 0$$

由上式可以看出:当系统 1 的风阻 r_1 增大时,主要通风机 I 的工况点将沿风机特性曲线上升,即通风机 I 的风压增大、风量降低,对通风机 II 则反之;同理,当系统 1 的风阻 r_1 减小时,主要通风机 II 的工况点将沿风机特性曲线上升,通风机 II 的风压增大、风量降低,对通风机 I 则反之。

且当系统 1 的风阻 r_1 变化时,对主要通风机 I 工况点的影响比对主要通风机 II 要大,即 $|\Delta h_{\mathrm{I}}| \geqslant |\Delta h_{\mathrm{II}}|$,$|\Delta q_{\mathrm{I}}| \geqslant |\Delta q_{\mathrm{II}}|$。

以上分析说明,任何一条支路风阻变化或任一系统风机性能的变化,理论上都会对通风系统的所有分支及通风机性能造成影响,具体影响程度与其在系统中的敏感度有关。

2.4 本章小结

本章利用稳定性理论对影响通风系统稳定性的各因素进行分析,建立矿井通风系统动力学模型,提出风量敏感度以及分支风量对风机工况敏感度的概念。

(1)提出通风系统敏感度的概念,建立通风系统稳定性方程,对角联巷道、主要通风机、风阻、自然风压等影响通风系统稳定性的因素进行分析,推导出风量敏感度矩阵的解析式。

(2)对风网稳定性的数学模型及相互关系进行探讨,提出基于敏感度的度量指标及方法,即在风阻波动一定的情况下,敏感度越大,风量的变化也就越大。

（3）根据通风网络回路分析法推导出通风系统稳定性度量指标的解析计算式，提出基于 Cross 法的各分支敏感度矩阵计算方法。探讨风量敏感度矩阵的性质，通过该敏感度矩阵可判断出分支风阻变化对风量、风压的影响。

（4）建立风机联合运行稳定性数学模型，论述系统风阻与风机性能间相互影响关系，并对主要通风机工况的敏感度进行分析。

多风井复杂通风系统大角联控制研究

通风网络通常分为简单通风网路和复杂通风网路两种。仅由串联和并联组成的网路，称为简单通风网路。含有角联分支，通常是包含多条角联分支的网路，称为复杂通风网路。国外学者对角联风路的研究比较早，早在 19 世纪 20 年代切克佐特就提出了角联的概念，随后国内学者对角联风路进行了研究并提出角联分支的判别方法。本章以城郊煤矿为例，通过实验及计算机模拟研究大角联风路的控制方法。

3.1　城郊矿通风系统概况

正龙煤业有限公司城郊煤矿位于河南省永城市，矿井原设计生产能力 240 万 t/a，经技术改造，2013 年根据通风能力确定生产能力为 557.75 万 t/a。开拓方式为立井上、下山开拓方式，采煤方法为走向长壁和倾斜长壁，采煤工艺为综采。该煤矿属瓦斯矿井。2012 年 7 月，经中煤科工集团重庆研究院检验，城郊煤矿现开采的二煤层无煤尘爆炸性，自然发火等级为三类不易自燃。

矿井为抽出式通风，通风方式为混合式。回采工作面采用"U"形通风，掘进工作面采用局部通风机压入式通风；进风井有主、副立井和西进风井三个井筒，回风井有东风井、西风井、北风井三个井筒。安装两台风机，一用一备，东风井风机型号为 FBCDZ－№30/2×560（A），工作功率 521kW；西风井风机型号为 FBCDZ－№28/2×450（1#），工作功率 477kW；北风井风机型号为 FBCDZ－№26/2×355（A），工作功率 514kW。

由上可知，城郊煤矿属于多风井系统、大型复杂风网，存在井下通风流程较长、通风阻力高、各风井系统之间存在大的角联、矿井地温偏高、九采区局部瓦斯涌出等问题。研究复杂矿井通风系统的稳定性，可为矿井通风安全管理、防灾抗灾系统设计、事故应急预案制定提供理论依据，其具有重要的理论和现实意义。

3.2 矿井通风系统参数测定

为有效控制角联风路，本次测定需摸清城郊煤矿通风系统阻力分布规律及存在的问题，通过对高阻巷道扩巷降阻、降低局部阻力、打通并联回风巷可以平衡各风井系统间的压力，还可帮助找到控制角联风路的有效措施。

3.2.1 测定方案与实验装置

由于东风井系统回风经"−495 胶带运输石门"流向北风井，十六采区回风经"−495 西翼胶带运输大巷"分别向北风井、西风井系统回走（节点 51 为十六采区回风分风点）。一个采区回风流向两个风井系统，一旦发生灾变势必造成灾害扩大。

为实现通风系统的稳定性和各系统之间的独立通风，在全矿井范围测定基础上，必须对各系统主要通风路线的阻力、各系统之间的压力差、过风量进行精确测定，为后续的系统调整及角联控制提供技术参数。根据城郊煤矿当前的通风状况，绘制"图 3.1 城郊矿通风系统示意图（2015 年10 月）""图 3.2 城郊矿通风系统网络图（2015 年 10 月）""图 3.3 城郊矿通风系统示意图（2016 年 1 月—2017 年 12 月）""图 3.4 城郊矿通风系统网络图（2016 年 1 月—2017 年 12 月）"。

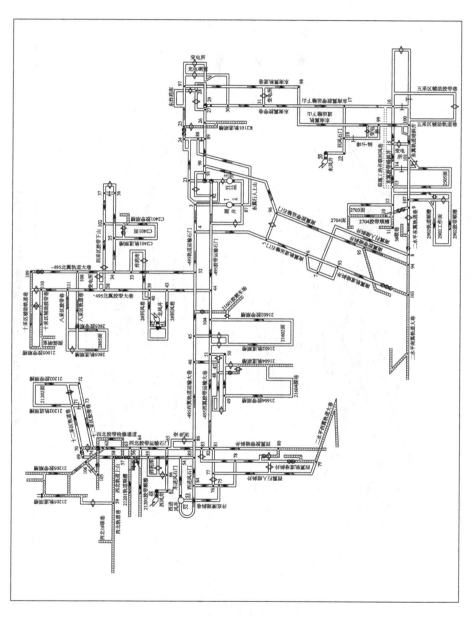

图 3.1 城郊矿通风系统示意图（2015 年 10 月）

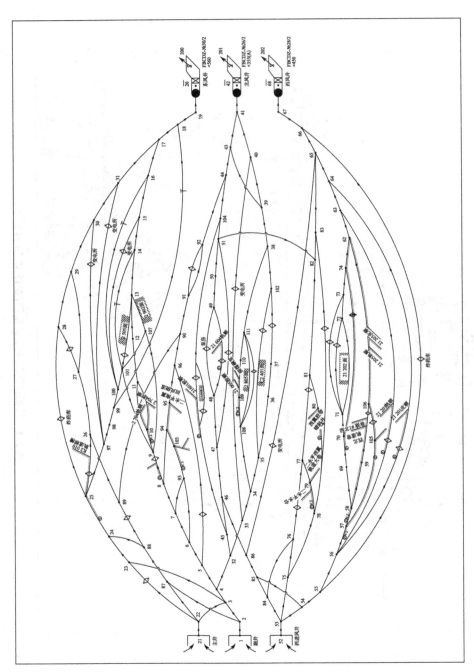

图 3.2 城郊矿通风系统网络图(2015 年 10 月)

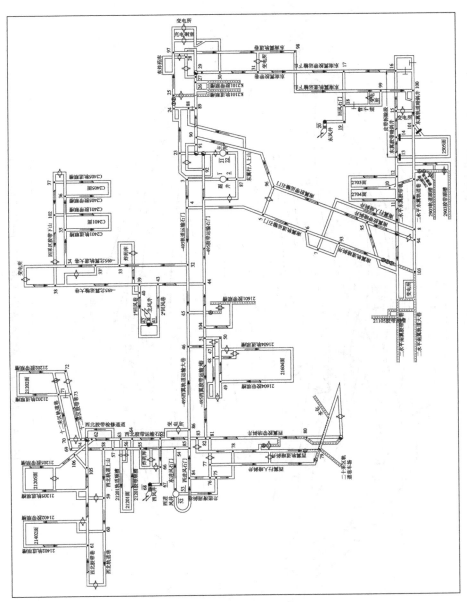

图 3.3 城郊矿通风系统示意图(2016 年 1 月—2017 年 12 月)

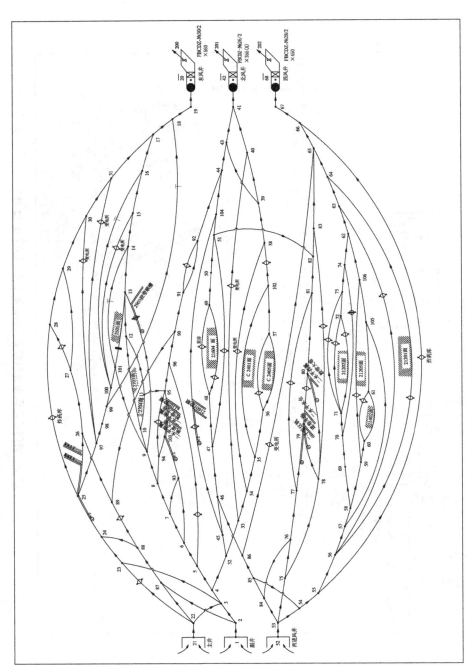

图 3.4　城郊矿通风系统网络图（2016 年 1 月—2017 年 12 月）

3.2.1.1 风速测定

目前，井巷风速测定一般利用机械翼轮式风表测定，按其量程可分为高速风表、中速风表和微速风表三种类型。皮托管和压差计一般用于对扇风机风硐或风筒内高速风速的间接测定。本次风速测定利用机械翼轮式风表测定。

3.2.1.2 静压测定

井下静压的测试仪器主要有空盒气压计和矿井通风参数测定仪，由于空盒气压计精度低，目前已很少有人使用。本次测定利用 CH3T 矿用本安型通风参数测定仪进行测定。

3.2.1.3 气象参数测定

干球温度、湿球温度采用天津气象仪表厂生产的机械通风干湿表测定，然后根据测定的干、湿球温度查出空气的相对湿度和饱和水蒸气分压力。

测量使用矿井通风参数检测仪测量出相对静压，用机械通风干湿表测量待测点的干、湿球温度，用机械翼轮式风表测量井巷风速，在获得所有测点的原始测量数据后即可对系统通风参数进行计算。

3.2.2 测定结果及分析

（1）由测定结果（见附表 A）可知，十六采区回风经"－495 西翼胶带运输大巷"分别向北风井、西风井回走约 1 000m³/min 和 1 100m³/min；而东翼回风经"胶带运输巷行人绕道"向北风井系统回走约 1 100m³/min（注：该绕道风窗压差达 900Pa）。造成这种现象的原因主要是由于三风井系统回风段没有隔离、三风井系统阻力差异大造成的，尤其东风井系统阻力太大，导致东风井风机能力不够，东翼回风只能由北风井负担一部分，否则会造成东翼系统风量不足，因此只要降低东翼系统通风阻力，东、北翼系统就可实现独立通风。西、北翼系统的回风隔离由于比较复杂，下文再详细阐述。2015 年 10 月实测矿井各风井系统参数如表 3.1 所示。

表 3.1   城郊矿通风系统测定结果汇总表

各风井系统	总排风量 （m³/min）	风机风压 （Pa）	通风阻力 （Pa）	等积孔 （m²）	自然风压 （Pa）	误差检验 （%）
东风井系统	7 680.0	2 730.1	3 143.6	2.717	465.5	1.63
北风井系统	6 323.0	2 472.1	2 734.5	2.398	316.4	1.93
西风井系统	8 931.0	2 446.8	2 603.8	3.471	281.3	4.56

（2）本次测定中选择了以下三条主要用风路线以查清系统自然风压分布规律：

①东风井系统自然风压：2015 年 10 月测定 465.5Pa；

②北风井系统自然风压：2015 年 10 月测定 316.4Pa；

③西风井系统自然风压：2015 年 10 月测定 281.3Pa。

自然风压为正时有助于矿井通风，由测定结果可以看出，城郊矿冬季自然风压比夏季要大得多，因此夏季矿井通风将更加困难，届时三风井系统之间的角联巷道压差会愈大。

（3）由图 3.5～图 3.7 可以看出，各风井系统皆存在高阻段，理论上只要对矿井高阻段扩巷降阻就可降低系统阻力，但由于北翼四采区即将采掘完毕，同时胶带巷又无法扩巷，因此得出的高阻段无实际意义。欲采取降阻的方式解决东、北翼系统角联问题只能分阶段逐步实施。高阻巷道参数如表 3.2 所示。

表 3.2   高阻巷道参数表

井巷 代号	井巷名称	风量 （m³/min）	长度 （m）	断面 （m²）	阻力 （Pa）	风阻 （N·s²/m⁸）	百米风阻 （N·s²/m⁸）	占系统总阻 力百分比 （%）
34－36	四采区轨道下山	1 951.7	823.9	11.2	443.8	0.419 471	0.050 915	16.2
13－16	东翼胶带暗斜井	3 655.0	1 095.9	12.0	951.2	0.256 320	0.023 389	30.3
63－64	西北胶带运输石门	4 234.5	179.9	13.0	330.5	0.066 358	0.036 882	12.7

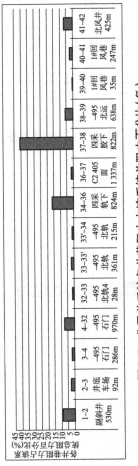

图 3.5　北风井系统各井巷阻力占该系统阻力百分比（%）

图 3.6　东风井系统各井巷阻力占该系统总阻力百分比（%）

图 3.7　西风井系统各井巷阻力占该系统总阻力百分比（%）

3.3 矿井通风系统现状模拟仿真

3.3.1 "矿井通风安全决策支持系统"简介

矿井通风安全决策支持系统包括四个模块：①矿井通风阻力计算，②通风系统优化网络解算，③高温矿井热害治理，④通风安全管理。应用界面如图 3.8 ~ 图 3.10 所示。

本章主要通过"矿井通风优化网络解算系统模块"对城郊矿通风系统进行模拟解算，该模块主要功能特点如下。

3.3.1.1 主要功能

（1）矿井风流分配仿真。

（2）模拟新掘和报废井巷。

图 3.8 软件启动界面

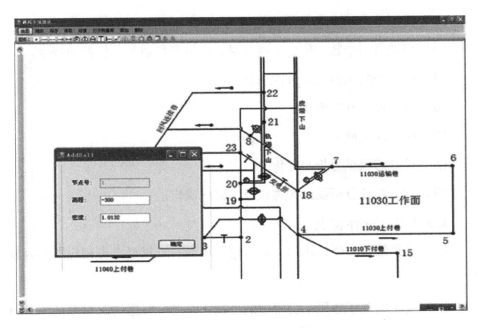

图 3.9　仿真系统主界面（节点参数录入）

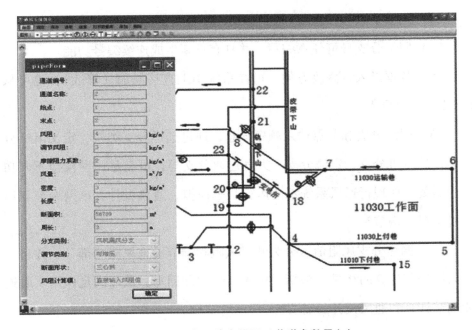

图 3.10　仿真系统主界面（巷道参数录入）

（3）模拟井巷断面或长度变化。

（4）模拟风门个数、位置、调节量，模拟风机数量、位置和特性。

（5）通风网络风流按需分配仿真。

（6）调节风窗开口面积。

（7）矿井反风模拟。

（8）矿井需风量分析与评价。

（9）矿井功耗分析及最大通风阻力路线确定。

3.3.1.2 软件特点

（1）巷道绘制方便，风门、调节窗、局扇、风机可点击相应图标直接插入。

（2）真正实现了通风系统模拟的可视化，还可根据情况对系统图进行简化，且不影响解算。

（3）网络节点号任意编写，不要求连续。

（4）网络分支号可任意编写，并具有重新生成连续编号功能。

（5）数据录入、修改方便，可在系统图上直接添加（修改），也可从Excel表直接导入。

（6）网络分支和节点输入顺序任意，通过选择分支类别，定义风机分支，预选风机分支、定流分支、大气连通分支等，可满足风网模拟不同功能的需要，如现行通风系统不同运行状态模拟、通风设计、风网调节和通风机工况点调节等。

（7）网络分支风阻值区分为巷道风阻和调节设施风阻两部分，并将当前风网调节计算的结果（包括风机调节）立即回写，从而满足风网实时连续调节计算和通风设计的需要。

（8）可在系统图上查看通风网络解算结果。

3.3.1.3　仿真系统的建立及数据录入

"矿井通风优化网络解算"中可视化矿井通风仿真系统的图形在仿真系统绘图区域利用鼠标直接绘制，和 AutoCAD 绘图软件使用方法基本类似。主要绘制内容包括：节点、巷道、风门、调节窗、局扇、主要通风机、新风箭头、回风箭头。

"矿井通风优化系统"的数据录入主要包括：节点、标高、空气密度、巷道编号、巷道名称、巷道始（末）点、风阻、调节风阻、风量、巷道长度、巷道断面、周长、形状、巷道分支类别（如风机分支、漏风分支），等等。

3.3.2　系统现状计算机仿真目的

系统现状仿真的主要目的，是对矿井通风系统实测数据进行检验，如果模拟结果与实测数据出入较大，要重新组织对局部井巷通风参数进行测定，对非关键路线所出现的偏差，进行风量平差处理。

将实测得各风路风阻、面积、长度、密度及风机曲线等数据输入计算机即可对系统现状进行仿真。东风井、西风井、北风井风机曲线如图 3.11 ~ 图 3.14 所示，其详细仿真结果参见附表 A 所示。

根据矿井采掘接续计划，井下各用风地点的需风量由城郊煤矿依据《煤矿安全规程》、AQ1056—2008《煤矿通风能力核定标准》、AQ1028—2006《煤矿井工开采通风技术条件》，并结合该矿井下自然条件（瓦斯涌出量、地温等因素）进行计算确定，城郊矿 2015 年各用风地点需风量如附表 B 所示。

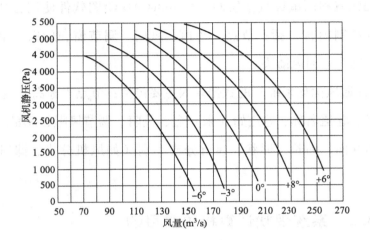

图 3.11 东风机性能曲线（50Hz）

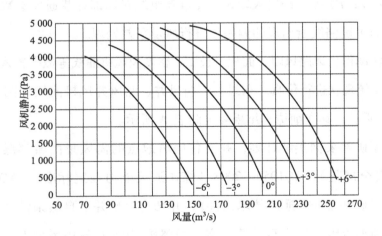

图 3.12 东风机性能曲线（45Hz）

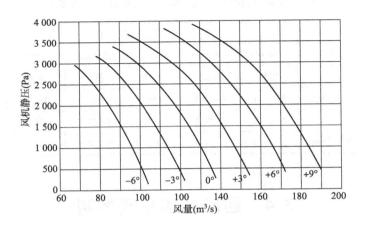

图 3.13 西风机性能曲线（48Hz）

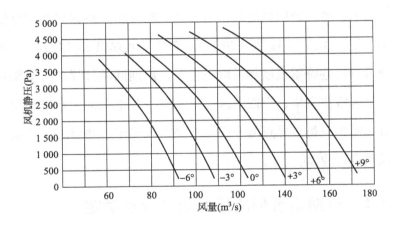

图 3.14 北风机性能曲线（50Hz）

3.3.3 矿井通风系统现状计算机模拟结果

由表 3.3 可以看出，2015 年 10 月实测的风机工况与仿真结果基本一致。从而表明，本次对城郊煤矿通风系统现场实测数据是准确的，可以作为后序系统改造的依据。

表 3.3 通风系统现状模拟通风机工况汇总表（2015 年 10 月）

分支号	风井名称	主要通风机工况					
		风机风压（Pa）		风机风量（m³/min）		自然风压（Pa）	
		实测	模拟	实测	模拟	实测	模拟
154	东风井风机	2 730.1	2 877.5	7 680.0	8 000.5	465.5	392.9
155	北风井风机	2 472.1	2 337.6	6 323.0	6 577.6	316.4	273.2
156	西风井风机	2 446.8	2 343.7	8 931.0	9 324.7	281.3	259.5

3.4 通风系统角联控制

前文已分析，目前城郊矿通风系统存在的主要问题是三风井系统无法实现独立通风，各系统回风之间存在大的角联风路。根据矿井实际情况及采掘计划安排，2015 年 12 月—2017 年 12 月，城郊煤矿将对表 3.2 所列的高阻巷道进行扩巷降阻或增加并联巷道，在此期间城郊煤矿井五采区、八采区、十采区收作完毕，十四采区形成系统，井下风网大幅度变化，因此需要分析此时各风机工况点能否满足系统需风要求，并对三风井系统存在的角联风路进行控制。

3.4.1 后期系统形成后风机工况点确定

3.4.1.1 网络解算条件

（1）2016 年 1 月—2017 年 12 月，五采区、八采区、十采区收作完毕，十四采区形成系统。2505 工作面、2805 工作面、2902 工作面、21602 工作面已采掘完毕，同时新增 2703 工作面、21604 采面、21205 工作面、21402 工作面。

（2）该阶段矿井有 2703 工作面、C2401 工作面、C2405 工作面、

21604 采面、21202 工作面、21205 工作面、21201 工作面、21402 工作面共 8 个采煤面。根据矿井采掘接续计划，相应的矿井通风系统示意图、通风系统网络图见图 3.3、图 3.4。井下各用风地点的需风量见附表 C 所示。

3.4.1.2 网络解算结果及分析

（1）由表 3.4 可以看出在东风机排风量 7 680.0m³/min、北风机排风量 6 324.0 m³/min、西风机排风量 8 934.0m³/min 情况下，东风机风压为 2 877.4Pa，西风机风压为 2 337.6Pa，北风机风压为 2 343.7Pa。各用风地点风量能够满足要求，但东风井系统阻力超出《煤矿井工开采通风技术条件》对矿井通风阻力的要求。

表 3.4 后期系统形成后风机计算工况

分支号	风机名称	工作风阻 N·s²/m⁸	等积孔	总排风量 （m³/s）	风机风压 （Pa）	自然风压 （Pa）
160	东风井风机	0.197 162	2.680	7 680.0	2 877.4	352.9
161	北风井风机	0.226 009	2.503	6 324.0	2 337.6	173.2
162	西风井风机	0.112 900	3.542	8 934.0	2 343.7	159.5

（2）和实际配风要求相比，北风机排风量偏大、东风机排风量偏小，究其原因为东翼回风通过"胶带运输巷行人绕道"（91－92 段）经－495 胶带运输石门流向北风井，且东风井系统阻力高所致。西风机总排风量偏大，因十六采区的回风有一部分经－495 西翼胶带运输大巷流向西风井。因此三风机排风量解算结果与配风计划有偏差。

3.4.2 后期系统形成，对角联风路进行控制后风机工况点确定

在该阶段由于东翼回风 1 600m³/min 经 "－495 胶带运输石门" 流向北风井，十六采区回风经 "－495 西翼胶带运输大巷" 分别向北风井、西

风井系统回走（节点51为十六采区回风分风点）。一个采区风流向两个风井系统，该区一旦发生火灾事故，势必造成灾害的扩大。本方案拟使东翼系统在满足需风要求的前提下，使东翼回风全部由东风井回走（在91－92段增设风门即可）；使十六采区回风全部流向北风井，但由于"－495西翼胶带运输大巷"与"西北胶带运输石门"之间无煤仓，因此无法对该巷道进行隔断。本方案拟利用空气幕对其隔断，使十六采区的"－495西翼胶带运输大巷"由有害角联变为无害角联。因空气幕所产生的局部阻力不大，本方案拟通过优化西翼、北翼系统风机匹配，经网络解算确定隔断该角联所需要的压力，以确定利用空气幕是否可行。

3.4.2.1　网络解算条件

（1）将"东翼胶带暗斜井"（13－16段）中皮带拆除，对高阻巷道进行扩巷降阻，对"东翼胶带暗斜井"（13－16段）新打一条并联回风巷。

（2）对"胶带运输巷行人绕道"（91－92段）增设调节风门，使东翼的回风不再经"－495胶带运输石门"流向北风井，以实现东、北翼系统的独立通风。

3.4.2.2　网络解算结果及分析

（1）由表3.5可以看出在对三风井回风系统隔断实现独立通风基础上，在东风机排风量为 8 038.8 m³/min、北风机排风量为 5 695.2 m³/min、西风机排风量为 7 524.0m³/min 情况下，东风机风压为 2 154.4 Pa，北风机风压为 2 369.3Pa，西风机风压为 2 047.3Pa。各用风地点风量能够满足要求，且三风井系统阻力基本满足《煤矿井工开采通风技术条件》对矿井通风阻力的要求。

表 3.5 对角联风路进行控制后风机计算工况

分支号	风机名称	工作风阻 （N·s²/m⁸）	等积孔	总排风量 （m³/s）	风机风压 （Pa）	自然风压 （Pa）
160	东风井风机	0.139 745	3.183	8 038.8	2 154.4	354.1
161	北风井风机	0.281 948	2.241	5 695.2	2 369.3	171.0
162	西风井风机	0.140 332	3.177	7 524.0	2 047.3	159.5

（2）三风机排风量与实际配风基本吻合，其原因为在"胶带运输巷行人绕道"（91－92 段）增设了调节风门，使东翼的回风不再经－495 胶带运输石门流向北风井，又因在－495 西翼胶带运输大巷（51－82 段）增设了"假想风门"，十六采区的回风不再经－495 西翼胶带运输大巷流向西风井，而是全部流向北风井，即三风井系统实现了独立通风。

（3）－495 西翼胶带运输大巷（51－82 段）中有皮带机，因此增设风门是不现实的，经网络解算知该运输大巷拟增设的"假想风门"两端压差为 70.8 Pa，只要克服此压差，则从理论上可对该巷风流实现隔断。本书拟采用空气幕产生的局部阻力克服此压差。

3.5 空气幕隔断风流理论研究

空气幕主要用于对风流进行隔断，在前人对单机空气幕研究基础上，构建双机并联空气幕（简称并联双机幕）局部阻力的理论模型，且通过计算机模拟确定并联双机幕的局部阻力。

3.5.1 并联双机幕局部阻力

空气幕完全隔断风流时在巷道产生的局部阻力称为空气幕局部阻力，

其理想并联双机幕模型如图 3.15 所示。

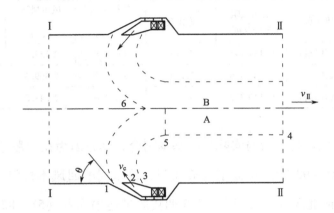

图 3.15　并联双机幕模型示意图

由于并联双机幕单台空气幕的风量 Q_c 相等，则理论上双机空气幕的总风量为 $Q_c' = 2Q_c$。模型中假设该空气幕可以完全阻断风流，则 I-I 断面处风量 $Q_{\mathrm{I}} = 0$，II-II 断面处风量 Q_{II} 等于空气幕的总风量。风流为理想流体，所以各流线上无阻力损失。则该控制体沿巷道方向的动量方程为：

$$(P_{\mathrm{I}} - P_{\mathrm{II}})S = \rho(Q_c' v_{\mathrm{II}} - Q_c' v_{cx}') \tag{3.1}$$

由于 $Q_c' = 2Q_c$，$Q_c = v_c S_c$，$v_{cx}' = \dfrac{Q_c'}{2S_c}\cos\theta = \dfrac{2Q_c}{2S_c}\cos\theta = v_c\cos\theta = -v_{cx}$，

且 $(P_{\mathrm{I}} - P_{\mathrm{II}})S = \rho[2Q_c v_{\mathrm{II}} - (-2Q_c v_{cx}')] = \rho[2v_c S_c v_c - 2v_c S_c(-v_c\cos\theta)]$，

则并联双机幕的理想局部阻力 $\Delta H_{理(n)}$ 为：

$$\Delta H_{理(2)} = P_{\mathrm{I}} - P_{\mathrm{II}} = \frac{2\rho v_c^2 S_c}{S}(1 + \cos\theta) \tag{3.2}$$

由式（3.2）可知，并联双机幕的理想局部阻力为 2 台单机幕理想局部阻力之和：

$$\Delta H_{理(2)} = \Delta H_1 + \Delta H_2 \tag{3.3}$$

式（3.1）～（3.3）中：

P_I、P_{II}——断面 I-I、断面 II-II 处的空气静压，Pa；

S——巷道断面积，m^2；

v_{II}——巷道 II-II 断面处风速，m/s；

v——巷道平均风速，m/s；

Q_c——单台空气幕的风量 m^3/s；

Q_c'——并联双机幕的总风量，m^3/s；

v_{cx}——单机幕沿 X 轴向出口风速，m/s；

v_{cx}'——并联双机幕沿 X 轴向出口风速，m/s；

S_c——空气幕出风口断面，m^2；

v_c——空气幕出口风速，m/s；

θ——空气幕安装角，°；

ρ——标准空气密度，kg/m^3；

ΔH——空气幕局部阻力，Pa。

3.5.2 并联双机幕隔断风流的实际局部阻力

空气在巷道中流动，流体黏性及气流紊乱产生的内摩擦，会造成空气幕所产生的实际局部阻力小于式（3.2）所示的理想局部阻力值，且风量也小于多台空气幕风量之和，即 $Q_c' < nQ_c$。双幕并联性能曲线如图 3.16 所示。设 $Q_c' = naQ_c$，$H' = bH$，其中 $a<1$，$b>1$。从两台特性曲线 I（II）相同的空气幕 F_1 和 F_2 并联工作的实际工况点 M 可知，$\Delta Q = Q_{I+II} - Q_I = Q_{I+II} - Q_{II} > 0$，$Q_{I+II} < Q_I + Q_{II}$，且 R 越小，ΔQ 越大。

3.5.2.1 循环型并联双机幕

如图 3.17 所示，设循环型并联双机幕所产生的局部阻力能够对巷道

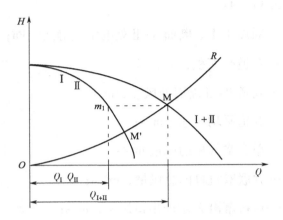

图 3.16　两台风机对称并联工作曲线

风流完全隔断，由于空气幕吸、排风皆为循环风，则可认为在循环段外巷道无风或微风，即在断面 Ⅰ-Ⅰ 和断面 Ⅱ-Ⅱ 处风速为 0，即 $v_{\text{I}} = 0$，$v_{\text{II}} = 0$。假设井巷壁表面至空气幕出口（即 $1-2-3$）的静压为线性分布，且 $P_1 = P_{\text{I}}$，$P_3 = P_{\text{II}}$，则：

$$P_{1\text{-}2} - P_{2\text{-}3} = \frac{P_1 + P_2}{2} - \frac{P_2 + P_3}{2} = \frac{P_{\text{I}} - P_{\text{II}}}{2} \tag{3.3}$$

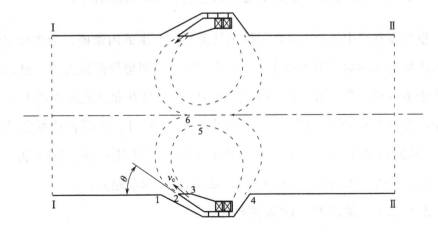

图 3.17　循环型并联双机幕模型示意图

因并联双机幕有两个出口断面，则I-II段风流沿巷道方向的动量方程为：

$$(P_{\text{I}} - P_{\text{II}} - h_{\text{I-II}})S + \frac{1}{2}(P_{\text{I}} - P_{\text{II}}) \times 2S_c\cos\theta = \rho(Q_c{'}v_{\text{II}} - Q_c{'}v_{cx} - Q_g v_{\text{I}})$$

$$(3.4)$$

又因 $Q_c{'} = 2aQ_c$, $v_c{'} = \dfrac{Q_c{'}}{2S_c} = \dfrac{2aQ_c}{2S_c} = \dfrac{aQ_c}{S_c}$, $v_{cx} = -v_c{'}\cos\theta = -a\dfrac{Q_c}{S_c}\cos\theta$,

$v_{\text{I}} = v_{\text{II}} = 0$, $Q_g = 0$, $h_{\text{I-II}} = R_c Q_c{'}^2 = 4a^2 R_c Q_c^2$,

则循环型并联双机幕的实际局部阻力 $\Delta H_{(2)}$ 为：

$$\Delta H_{(2)} = P_{\text{I}} - P_{\text{II}} = \frac{2\rho a^2 Q_c^2 \cos\theta}{S_c(S + S_c\cos\theta)} + \frac{4a^2 R_c Q_c^2 S}{S + S_c\cos\theta}$$

$$(3.5)$$

式中：$v_c{'}$ ——单台空气幕的出口风速，m/s；

$\qquad Q_g$ ——空气幕安装后巷道过风量，m³/s；

$\qquad a$ ——双机幕中单台空气幕与单机幕的风量比系数；

$\qquad h_{\text{I-II}}$ ——巷道 I-I 段至 II-II 段的阻力，Pa；

$\qquad R_c$ ——空气幕循环风阻，N·s²/m⁸。

3.5.2.2 非循环型并联双机幕

如图 3.18 所示，对于非循环型并联双机幕，同样假设其所产生的局部阻力能够将巷道风流完全隔断。外界风流进入空气幕后从出口流出，由于空气幕为非循环型，从空气幕流出的风流会继续沿着巷道流动，即在断面 I-I 处风速为 0，断面 II-II 处风量为双机幕的排风量，则 I-II 段风流沿巷道方向的动量方程为：

$$(P_{\text{I}} - P_{\text{II}} - h_{\text{I-II}})S + \frac{1}{2}(P_{\text{I}} - P_{\text{II}}) \times 2S_c\cos\theta = \rho(Q_c{'}v_{\text{II}} - Q_c{'}v_{cx} - Q_g v_{\text{I}})$$

$$(3.6)$$

由于 $Q_c{'} = 2aQ_c$, $v_c{'} = \dfrac{Q_c{'}}{2S_c} = \dfrac{2aQ_c}{2S_c} = \dfrac{aQ_c}{S_c}$, $v_{cx} = -v_c{'}\cos\theta = -a\dfrac{Q_c}{S_c}\cos\theta$,

$v_{\mathrm{I}} = 0$，$v_{\mathrm{II}} = \dfrac{Q_c{}'}{S} = \dfrac{2aQ_c}{S}$，$Q_g = 0$，$h_{\mathrm{I-II}} = R_c Q_c{}'^2 = a^2 Q_c^2$，则非循环型并联双机幕的实际局部阻力为：

$$\Delta H'_{(2)} = P_{\mathrm{I}} - P_{\mathrm{II}} = \frac{2\rho a^2 Q_c^2}{S + S_c \cos\theta}\left(\frac{2}{S} + \frac{\cos\theta}{S_c}\right) + \frac{a^2 R_c Q_c^2 S}{S + S_c \cos\theta} \tag{3.7}$$

由式（3.5）和（3.7）可知：并联双机幕的局部阻力小于 2 台机空气幕局部阻力之和，即 $\Delta H_{(2)} < \Delta H_1 + \Delta H_2$。

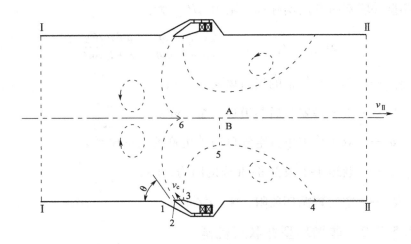

图 3.18　非循环型并联双机幕模型示意图

3.5.3　并联双机幕局部阻力同巷道、供风器出口断面关系分析

并联双机幕的风口断面、工况性能、设备安装角度等对其阻隔风流的能力有重大影响，空气幕出风口面积 S_c 愈大其阻隔风流能力愈强。但由于受到井下巷道形状、大小，空气幕功率及允许风速等因素的限制，风口面积不能太大。非循环型并联双机幕需要从外界引入风流，在井下使用不现实。

在此以循环型双机幕为例进行分析。将式（3.5）所示的循环型并联双机幕的局部阻力 $\Delta H_{(2)}$ 变形得：

$$\Delta H = \frac{2a^2\rho \, v_c^2\cos\theta}{\dfrac{S}{S_c} + \cos\theta} + \frac{2a^2 R_c \, v_c^2 SS_c}{\dfrac{S}{S_c} + \cos\theta} \tag{3.8}$$

由式（3.8）可知，空气幕的出口风速 v_c 越大，所产生的局部阻力 ΔH 也越大。由于 AQ1028—2006《煤矿井工开采通风技术条件》对井巷中的允许风流速度有明确规定，皮带巷、采区进回风巷允许风速为 $0.25\text{m/s} \sim 6\text{m/s}$。因此，巷道风速一般可取 $v = 4\ \text{m/s}$。则循环型并联双机幕局部阻力公式为：

$$\Delta H = 2.328 \times \frac{\rho a^2 \, v_c^2\cos\theta}{\dfrac{S}{S_c} + \cos\theta} \tag{3.9}$$

由于 $v_c = \dfrac{Q_c}{S_c} = \dfrac{Q_c{}'}{2aS_c} = \dfrac{vS}{2aS_c}$

则：
$$\Delta H = 2.328 \times \frac{\rho a^2\cos\theta}{\dfrac{S}{S_c} + \cos\theta} \times \left(\frac{vS}{2aS_c}\right)^2 \tag{3.10}$$

将 $v = 4\text{m/s}$，$\theta = 30°$，$\rho = 1.2\text{kg/m}^3$ 代入上式得：

$$\frac{S}{S_c} = \frac{2\Delta H + \sqrt{4\Delta H^2 + 133.16\Delta H}}{35.98} \tag{3.11}$$

由以上关系式可知，当"假想风门"两端压差为一定时，可求出并联双机幕的最优出风口断面。

3.6 空气幕隔断风流的数值模拟

3.6.1 物理模型建立

空气幕是井下一种重要的风流调节设施，是风门调节巷道风流的一种补充。本模拟采用阻隔效果较好的循环型并联双机幕。模型具体如图 3.19、图 3.20 所示。巷道两端静压差 300Pa，巷道宽 3.2m，高 2.4m，长 32m，矩形断面，喷浆支护。空气幕出风口 1，2 皆宽 0.25m，两出风口的风流风向与巷道轴线夹角为 60°。出风口 1，2 皆宽 1.5m。风流从空气幕出风口射出，再经两端风机硐室进入回风口，经连接回风口和出风口的风筒（模型中未画出）回到出风口再次射出，如此循环往复。

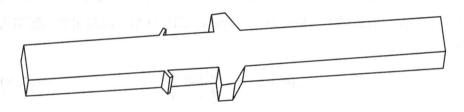

图 3.19　空气幕阻隔风流模型

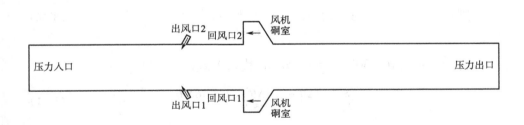

图 3.20　空气幕模型横截面示意图

3.6.2　模拟条件

（1）假设是定常流动风流，忽略黏性以及摩擦生热，温度变化很小，故不选用能量方程。

（2）紊流模型选择 $k-\varepsilon$ 二方程紊流模型，模型选择 standard，近壁处理选择 standard wall functions，其他保持默认设置。

（3）边界条件设置如下。

①根据局部阻力平衡原理，采用压力入口（input）及压力出口（output）。巷道入口静压为120Pa；出口静压为0Pa；

②空气幕出风口风流速度为23.4m/s，空气幕回风口风流速度为–3.9m/s；

③在固壁处采用无滑移边界条件，在近壁区采用标准壁面函数。

3.6.3　模拟结果及分析

通过对城郊矿北风井和西风井系统之间大角联"–495西翼胶带运输大巷"网络解算，确定隔断"–495西翼胶带运输大巷"的"假想风门"两端压差为70.8Pa。在对空气幕设定压差为120Pa的基础上，对空气幕阻隔风流能力进行模拟，巷道横截面速度及静压分布如图3.21、图3.22所示。

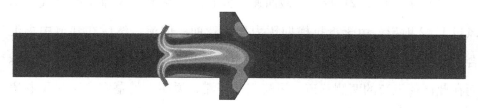

0.00e+00　1.59e+00　3.18e+00　4.77e+00　6.36e+00　7.95e+00　9.54e+00　1.11e+01　1.27e+01　1.43e+01　1.59e+01　1.75e+01　1.91e+01　2.07e+01　2.23e+01　2.38e+01

(a)巷道横截面速度分布云图

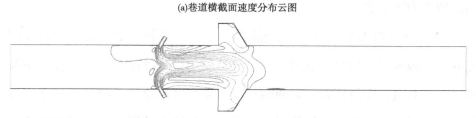

0.00e+00　1.59e+00　3.18e+00　4.77e+00　6.36e+00　7.95e+00　9.54e+00　1.11e+01　1.27e+01　1.43e+01　1.59e+01　1.75e+01　1.91e+01　2.07e+01　2.23e+01　2.38e+01

(b)巷道横截面速度分布等值线图

图3.21　巷道横截面速度分布图

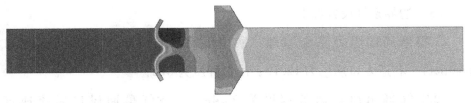

-1.67e+02 -1.53e+02 -1.39e+02 -1.26e+02 -1.12e+02 -9.85e+01 -8.49e+01 -7.12e+01 -5.76e+01 -4.40e+01 -3.03e+01 -1.67e+01 -3.09e+00 1.05e+01 2.42e+01 3.78e+01 5.14e+01 6.50e+01

(a)巷道横截面静压分布云图

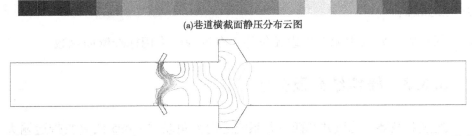

-1.67e+02 -1.53e+02 -1.39e+02 -1.26e+02 -1.12e+02 -9.85e+01 -8.49e+01 -7.12e+01 -5.76e+01 -4.40e+01 -3.03e+01 -1.67e+01 -3.09e+00 1.05e+01 2.42e+01 3.78e+01 5.14e+01 6.50e+01

(b)巷道横截面静压分布等值线图

图 3.22 巷道横截面静压分布图

（1）由"图 3.21 巷道横截面速度分布图"可知：风流从两空气幕出风口 1，2 射出，由于抵抗横向压力发生弯曲、回流，然后在巷道中央汇合，再分流到两侧的风机硐室，进入空气幕回风口 1，2，形成循环风流。而在此循环风流的两侧巷道，风流完全停滞，说明空气幕完全阻隔了巷道风流（速度分布云图中两侧代表速度为零的区域和速度分布等值线图两侧的区域证明了这点）。

（2）由"图 3.22 巷道横截面静压分布图"可知：空气幕循环风流两侧巷道区域静压分别等于巷道入口、出口的压强，静压均匀无变化。该巷道是水平巷道，无位压差，若两侧巷道区域有风流流动，则该区域必有静压变化，因此两侧巷道区域静压均匀无变化从侧面证明了该区域无风流流动，风速为零，即从侧面也证明空气幕完全阻隔了风流。

3.7   现场空气幕增阻实验

城郊煤矿属于多风井系统、大型复杂风网，井下通风流程较长、通风阻力高、各风井系统之间存在大的角联、矿井地温偏高。冬季在行人暗斜井中有风流反向的现象发生，同时使十六采区的"－495 西翼胶带运输大巷"由有害角联变为无害角联。本节拟通过现场实验，分析空气幕对行人暗斜井冬季风流反向以及"－495 西翼胶带运输大巷"角联风路的控风效果，并确定所选空气幕的阻风率及所产生有效局部阻力的大小。实验用风机及布置如图 3.23、图 3.24 所示，详细参数见表 3.6。

图 3.23   风机实物图

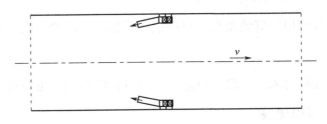

图 3.24   城郊矿井联双机幕安放示意图

表 3.6　城郊矿 FBDNo6.3 型空气幕风机主要技术参数表

空气幕安设地点	风机型号	电机功率（kW）	供风口尺寸（m）	数量（台）
西翼胶带暗斜井	FBDNo6.3/2×22	11	1.5×0.5	2

3.7.1　实验内容及方法

在井下进行双机并联空气幕对风流增阻实验时，分别对空气幕在不同安装角度下的阻风率和所产生的局部阻力进行测试。即在风机开启前后，采用机械风表测定巷道风量，风机开动后采用精密气压计在空气幕前后测定大气压力，前后大气压力之差即为空气幕所产生的局部阻力。空气幕阻风率 η_z 计算式如下所示。

$$\eta_z = \frac{(Q - Q_k)}{Q} \times 100\% \tag{3.12}$$

式中：η_z——空气幕阻风率，%；

Q——空气幕启动前巷道过风量，m^3/s；

Q_k——空气幕启动后巷道过风量，m^3/s。

3.7.2　测试结果及分析

从城郊矿双机并联空气幕对风流增阻的现场试验结果可知以下几点。（具体结果如表 3.7、表 3.8、图 3.25 所示）

（1）空气幕出口安装角与阻风性能关系较大，理论上安装角越大阻风效果越好。

（2）空气幕对风流增阻可以起到调节风窗的作用，可有效控制冬季暗斜井中风流反向的现象。

（3）空气幕对风流的增阻作用同并联的风机数量及风机性能有关，开启的风机越多、风机性能越大,阻风效果越好。

表 3.7 单机幕安装角度与阻风性能关系测试结果

空气幕安装角度 (°)	开机前巷道风量 (m³/min)	开机后巷道风量 (m³/min)	阻风率 (%)	空气幕所产生的 局部阻力(Pa)
30	1 184	800	32.4%	20
40	1 184	732	38.2%	45
45	1 184	684	42.2%	61

表 3.8 并联双机幕安装角度与阻风性能关系测试结果

空气幕安装角度 (°)	开机前巷道风量 (m³/min)	开机后巷道风量 (m³/min)	阻风率 (%)	空气幕所产生的 局部阻力(Pa)
30	1 184	650	45.1%	32
40	1 184	450	62.0%	64
45	1 184	280	76.4%	84

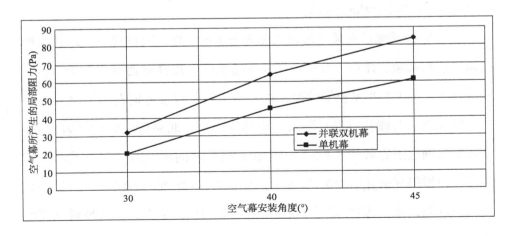

图 3.25 空气幕安装角度与局部阻力关系

3.8 本章小结

本章以城郊矿为例，针对在测定该矿全范围阻力时所发现的问题，拟定了提高系统稳定性优化方案，通过分析发现该矿西风井系统与北风井系统之间存在的大角联问题不能通过常规方法进行解决，因此采取空气幕的方法对该角联进行控制，实现多风井系统之间的独立通风，进而增强通风系统的稳定性。

（1）通过测定发现三风井系统阻力皆超出《煤矿井工开采通风技术条件》对矿井通风阻力 2 500Pa 的要求，尤其东风井系统阻力高达 3 000Pa以上，东翼"－495 西翼胶带运输大巷"其阻力就占该系统总阻力的30.3%。东风井与北风井系统之间、北风井与西风井系统之间存在大角联，东翼回风有 1 100m³/min 经"－495 胶带运输石门"流向北风井，十六采区回风经"－495 西翼胶带运输大巷"分别流向北风井、西风井系统1 000m³/min 和 1 100m³/min。

（2）根据城郊矿通风系统现状及未来采掘工作，通过对三个风井系统需风量进行调整，使东、北和西风井系统能够实现独立通风。由于西、北风井系统"－495 西翼胶带运输大巷"与"西北胶带运输石门"之间无煤仓，因此无法对该巷道进行隔断，使其成为西、北系统之间的有害角联，本章通过网络解算对"－495 胶带运输石门"之间增设的"假想风门"两端压差模拟得到解算结果为 70.8Pa，由于"－495 胶带运输石门"无法装设调节设施，该"假想风门"只能通过安装空气幕的方式来实现对风流的隔断。

（3）针对十六采区回风角联风路"－495 西翼胶带运输大巷"（51－

82 段）的风流控制解算结果，对双机空气幕所能产生的局部阻力进行数值模拟，确定空气幕隔断风流的能力，构建双机空气幕的局部阻力理论模型，利用 Gambit 构建双机空气幕的实体模型，通过计算机模拟能够直观地反映双机空气幕对风流的局部阻力。

（4）根据数值模拟得出双机空气幕射流所导致的巷道断面的静压、速度的重新分布。通过静压、速度分布情况判断出空气幕可以完全阻隔巷道风流。通过角联风路"－495 西翼胶带运输大巷"（51－82 段）隔断风压的解算结果（70.8Pa）和模拟边界条件所设置的静压差 120Pa 可以确定所选择的双机空气幕可以隔断该角联风路的风流。

（5）通过对空气幕阻风压力的现场测定确定出风口角度为 45°时所产生的最大阻风压力为 84Pa，因此该空气幕可以使"－495 西翼胶带运输大巷"（51－82 段）由有害角联变为无害角联。同时该空气幕的引射流作用可有效解决冬季暗斜井中风流反向的问题。

（6）由网络解算结果及对系统分析可知，虽然对系统实施了一系列改造方案，但由于局部阻力的存在导致系统通风阻力依然较高，系统内部采区之间仍存在角联巷道，由于自然风压、设备运行对系统风流冲击而导致的系统内部风流紊乱现象依然存在，风网的稳定性有待进一步提高。

4

轨道巷活塞风模型及其对通风
系统稳定性影响分析

国内外对于矿井活塞风的研究主要侧重于理论及数值模拟，研究成果定性多、定量少，不能对活塞风的实际应用提供定量的数据支持。矿井中能够产生活塞风的主要有罐笼及矿车运行，本章针对矿车在不同运行状态下产生的活塞风压大小进行研究，通过多次实验得出不同条件下活塞风压的具体数值，并定量分析其对矿井通风系统冲击的大小，以及对通风系统稳定性的影响。

4.1　轨道平巷活塞风基本假设及理论计算模型

4.1.1　基本假设

为使问题简化，突出研究重点，并能反映最基本的规律，特作如下假设：

（1）因测定时间较短，不考虑大气压力、温度、湿度对系统的影响；

（2）风量为定常流动风流；

（3）井巷内风流不可压缩；

（4）井巷风流为湍流且断面不变；

（5）矿车为匀速运动，且简化为矩形。

4.1.2　活塞风对巷道风流场的影响

由于井下巷道横断面方向的尺寸相比于巷道纵向长度来说很小，可以忽略不计，因此可以把井巷空气的流动视为二维运动。（如图4.1所示）

对于较长的轨道巷，除巷道两端进、回风口段外，可将矿车在巷道内匀速行驶时形成的活塞风流场作为一维稳定流（如图4.1所示）。为建立

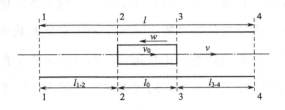

图 4.1　运输设备活塞风计算示意图

活塞风效应理论模型，作如下假设：

第一，矿车匀速运行；

第二，矿车长度相对于巷道长度可忽略不计；

第三，巷道断面均匀，壁面支护方式不变，且为直巷。

根据以上假设，风流连续性方程为：

$$A_0 v_0 \mathrm{d}t = A v \mathrm{d}t + (A - A_0) w \mathrm{d}t \tag{4.1}$$

$$w = \frac{A_0 v_0 - A v}{A - A_0} \tag{4.2}$$

$$v_s = w + v_0 = \frac{A_0 v_0 - A v}{A - A_0} + v_0 = \frac{v_0 - v}{1 - \left(\dfrac{A_0}{A}\right)} = \frac{v_0 - v}{1 - \beta} \tag{4.3}$$

式（4.1）～（4.3）中：

v_0——矿车运行速度，m/s；

A_0——矿车横断面积，m^2；

A——巷道断面积，m^2；

v——活塞风速，m/s；

w——矿车与巷道环状空间气流速度，m/s；

v_s——环状空间气流与矿车的相对速度，m/s；

β——矿车对巷道的阻塞比，$\beta = \dfrac{A_0}{A}$。

图 4.1 中 2 – 3 段风流相对于矿车运动的伯努利方程为:

$$\frac{P_3}{\rho} + \frac{(v_0 - v)^2}{2} = \frac{P_2}{\rho} + \frac{(v_0 - v)^2}{2} + \left(\xi_1 + \lambda_0 \frac{l_0}{d_0} + \xi_2\right)\frac{v_s^2}{2} \tag{4.4}$$

$$P_3 - P_2 = \left(\xi_1 + \lambda_0 \frac{l_0}{d_0} + \xi_2\right)\frac{\rho v_s^2}{2} \tag{4.5}$$

式 (4.4) ~ (4.5) 中:

λ_0——环状空间摩擦阻力系数;

ξ_1——矿车前端环状空间局部阻力系数;

ξ_2——矿车后端环状空间出口局部阻力系数;

l_0——矿车长度,m;

d_0——环状空间水力直径,m。

将式 (4 – 3) 代入式 (4 – 5),得矿车前方和后方的压力差为:

$$P_3 - P_2 = \left(\xi_1 + \lambda_0 \frac{l_0}{d_0} + \xi_2\right)\frac{\rho (v_0 - v)^2}{2 (1 - \beta)^2} \tag{4.6}$$

同理,对图 4.1 中 3 – 4 段风流相对于巷道流动的伯努利方程为:

$$\frac{P_3}{\rho} + \frac{v^2}{2} = \frac{P_4}{\rho} + \left(\lambda \frac{l_{3-4}}{d} + 1\right)\frac{v^2}{2} \tag{4.7}$$

1 – 2 段风流相对于巷道流动的伯努利方程为:

$$\frac{P_1}{\rho} = \frac{P_2}{\rho} + \left(\xi_{1-2} + \lambda \frac{l_{1-2}}{d} + 1\right)\frac{v^2}{2} \tag{4.8}$$

式 (4.6) ~ (4.8) 中:

λ——巷道沿程阻力系数;

l_{3-4},l_{1-2}——分别为矿车前方和后方的巷道长度,m;

d——巷道水力直径,m;

ξ_{1-2}——巷道入口局部阻力系数。

由式 (4 – 7)、式 (4 – 8) 求解得:

$$P_3 - P_2 = P_4 - P_1 + \left(\xi_{1\text{-}2} + \lambda \frac{l_{1\text{-}2} + l_{3\text{-}4}}{d} + 1 \right) \frac{\rho v^2}{2}$$

$$= P_4 - P_1 + \left(\xi_{1\text{-}2} + \lambda \frac{l - l_0}{d} + 1 \right) \frac{\rho v^2}{2} \qquad (4.9)$$

由式（4.6）、式（4.9）求得矿车活塞风速为：

$$v = \frac{v_0}{1 + \sqrt{N\left(\dfrac{l}{l_0} - 1 \right)(1 - \beta)^2}} \qquad (4.10)$$

式中 $N = \dfrac{d_0 d(\xi_{1\text{-}2} + 1) + \lambda d_0 (l - l_0)}{d_0 d(\xi_1 + \xi_2) + d\lambda_0 l_0}$，与各部分阻力有关。

将式（4-10）代回式（4-7）中得到下式，其中 C_1 为常数，且 $C_1 > 0$。

$$P_3 = P_4 + \frac{\rho \lambda v_0^2}{2d \left(1 + \sqrt{N\left(\dfrac{l}{l_0} - 1 \right)(1 - \beta)^2} \right)^2} \cdot l_{3\text{-}4} = P_4 + C_1 \cdot l_{3\text{-}4} \qquad (4.11)$$

将式（4-10）代回式（4-8）中得到下式，其中 C_2 为常数，且 $C_2 > 0$。

$$P_2 = P_1 + \frac{(\xi_{1\text{-}2} + 1)\rho v_0^2}{2 \left(1 + \sqrt{N\left(\dfrac{l}{l_0} - 1 \right)(1 - \beta)^2} \right)^2} - \frac{\rho \lambda v_0^2}{2d \left(1 + \sqrt{N\left(\dfrac{l}{l_0} - 1 \right)(1 - \beta)^2} \right)^2} \cdot l_{1\text{-}2}$$

$$= P_1 - C_2 - C_1 \cdot l_{1\text{-}2} \qquad (4.12)$$

将式（4-10）代回式（4-9）中得到活塞风压为：

$$P_3 - P_2 = \left(\xi + \lambda \frac{l + l_0}{d} + 1 \right) \frac{\rho v_0^2}{2 \left(1 + \sqrt{N\left(\dfrac{l}{l_0} - 1 \right)(1 - \beta)^2} \right)^2} = \text{const} > 0 \quad (4.13)$$

4.2　轨道平巷内的活塞风数值模拟

　　上节所建立的矿车运行所产生的活塞风数学模型可以描述各参量之间的关系，但无法准确描述巷道空间内风流流场分布情况。利用大型流体力学软件 Fluent 可以实现这些功能。由于 Fluent 软件包含多种工程上常用的湍流模型（包括一方程模型、二方程模型、雷诺应力模型和最新的大涡模型等），而每一种模型又有若干子模型。其中 $k-\varepsilon$ 模型又包括 Standard $k-\varepsilon$ 模型、RNG $k-\varepsilon$ 模型和 Realizable $k-\varepsilon$ 模型。这三种湍流模型又分别包括三种壁面函数：标准壁面函数、非平衡壁面函数、双层区域壁面函数。本章矿车在不同运行状态下，以运输巷道大气湍流流动体系作为模拟对象，通过适当简化，采用计算流体力学软件 Fluent 对其速度场、压力场等进行模拟。

4.2.1　物理模型建立

矿车是井下重要的运输工具，其在巷道停止、运行时会对所在巷道的风流造成一定影响。本节主要研究矿车运行方向同所在巷道风流相反、相同以及矿车停止这三种状态下对巷道风流的影响。

模型如图 4.2 ~ 图 4.4 所示，巷道长 125m，宽 4.2m，高 3.2m，喷浆支护，风速 3m/s（参照城郊煤矿的 495 轨运大巷）。矿车类型为 KFU0.75 - 6 矿车，宽 0.9m，高 1.25m，长 1.7m，共 10 节（实物见图 4.5）。实际模拟时，考虑车轮和铁轨高度，以及车头和各节连接空隙，以宽 1.2m，高 1.6m，长 20m 的立方体代替，矿车位于巷道中央，运行速度为 2m/s。

图 4.2　矿车停止运行模型示意图

图 4.3　矿车逆风运行模型示意图

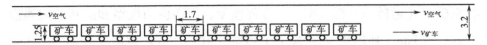

图 4.4　矿车顺风模型示意图

图 4.5　矿车实物图

4.2.2　模拟条件

（1）假设是定常流动风流，且忽略黏性和摩擦生热，因此温度变化很小，选用能量方程。

（2）紊流模型选择 $k-\varepsilon$ 二方程紊流模型，模型选择 standard，近壁处理选择 standard wall functions，其他保持默认设置。

1968 年由哈洛（Harlow）和中山（Nakayama）提出的 $k-\varepsilon$ 模型，是到目前应用最为广泛的湍流模型，模型中两个传递方程允许湍流速度和尺度独立确定。标准 $k-\varepsilon$ 二方程模型是以湍流动能 k 和其耗散项 ε 的输运方程而建立起来的半经验模型。此模型将湍流黏性系数、湍流动能和湍流动能的耗散率联系在一起：

$$\mu_l = C_\mu \frac{\rho k^2}{\varepsilon} \tag{4.14}$$

式中：μ_l——湍流黏性系数；

k——湍流动能；

ε——湍流动能的耗散率；

C_μ——湍流常数，一般取 0.09。

湍流动能方程 k 方程：

$$\rho \frac{\mathrm{d}k}{\mathrm{d}t} = \frac{\partial}{\partial x_i}\Big[\Big(\mu + \frac{\mu_l}{\sigma_k}\Big)\frac{\partial k}{\partial x_i}\Big] + G_k + G_b - \rho\varepsilon \tag{4.15}$$

湍流耗散率 ε 方程：

$$\rho \frac{\mathrm{d}\varepsilon}{\mathrm{d}t} = \frac{\partial}{\partial x_i}\Big[\Big(\mu + \frac{\mu_l}{\sigma_\varepsilon}\Big)\frac{\partial \varepsilon}{\partial x_i}\Big] + C_{1\varepsilon}\frac{\varepsilon}{k}(G_k + C_{3\varepsilon}G_b) - C_{2\varepsilon}\rho\frac{\varepsilon^2}{k} \tag{4.16}$$

式中：u_i——i 方向的瞬时速度；

u_i'——i 方向脉动值；

G_k——平均速度梯度产生的湍流动能，$G_k = -\rho\,\overline{u_i'u_j'}\,\dfrac{\partial u_j}{\partial u_i}$；

G_b——浮力产生的湍流动能，$G_b = \mu_l\dfrac{\mathrm{g}}{\rho}\dfrac{\partial\rho}{\partial x_i}$；

σ_k，σ_ε——分别为 k 和 ε 的湍流普朗特常数。

根据经验，模拟中使用的常数分别取值为：$\sigma_k = 1.0$，$\sigma_\varepsilon = 1.3$，$C_{1\varepsilon} = 1.44$，$C_{2\varepsilon} = 1.92$，$C_{3\varepsilon} = 1$。

（3）边界条件设置如下。

采用动参考系模型（MRF）中的单个参考系模型（SRF），在 Gambit 划分网格后，将整个巷道中风流流动区域设置为流域，并在 Fluent 软件中以此流域作为参考系。在边界条件设置中将此流域的 Move Type 设置为 Moving Reference Frame，translation velocity 设置为 3m/s。

①入口（如图 4.2～图 4.4 中所示）设置为速度入口边界，大小为 3m/s，湍流定义方式选择 intensity and hydraulic diameter，紊流强度项输入

设置为2.87，水力半径设置为1.87。

②出口（如图4.2~图4.4中所示）设置为outflow出流边界，出流参数设置为1，即没有回流。

③巷道墙面设置为Wall边界，wall motion设置为moving wall，运动方式选择absolute，translational，速度输入为0。

④矿车设置为Wall边界，wall motion设置为moving wall，运动方式选择relative to adjacent cell zone，translational，速度输入矿车实际速度与风流速度的相对值。（矿车实际速度为2m/s，0m/s，-2m/s。）

4.2.3 模拟结果及分析

巷道内的压力梯度是风流运动的主要动力源，因此压力场也是反映流场变化的重要依据。当矿车速度分别为2m/s，0m/s，-2m/s运动时，巷道风流一方面受到矿车空间位置的影响而改变运动线路，另一方面受到运输设备运动而产生的诱导风流的扰动。巷道的压力变化情况如图4.6~图4.11所示。

4.2.3.1 三类状态下巷道全压分布图

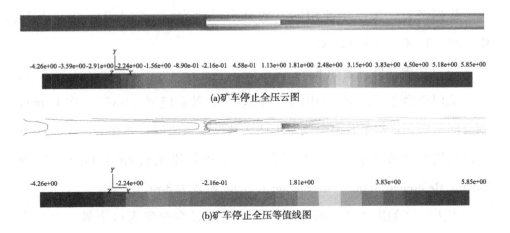

(a)矿车停止全压云图

(b)矿车停止全压等值线图

图4.6 矿车停止全压分布图

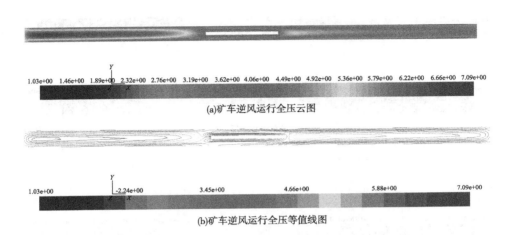

(a)矿车逆风运行全压云图

(b)矿车逆风运行全压等值线图

图4.7　矿车逆风运行全压分布图

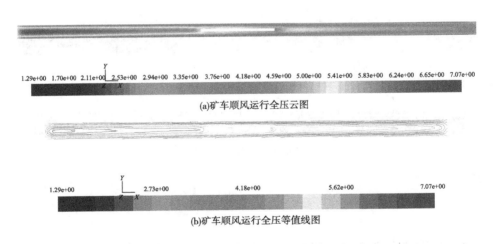

(a)矿车顺风运行全压云图

(b)矿车顺风运行全压等值线图

图4.8　矿车顺风运行全压分布图

4.2.3.2 三类状态下巷道静压分布图

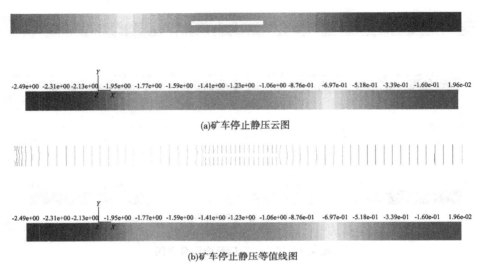

-2.49e+00 -2.31e+00 -2.13e+00 -1.95e+00 -1.77e+00 -1.59e+00 -1.41e+00 -1.23e+00 -1.06e+00 -8.76e-01 -6.97e-01 -5.18e-01 -3.39e-01 -1.60e-01 1.96e-02

(a)矿车停止静压云图

-2.49e+00 -2.31e+00 -2.13e+00 -1.95e+00 -1.77e+00 -1.59e+00 -1.41e+00 -1.23e+00 -1.06e+00 -8.76e-01 -6.97e-01 -5.18e-01 -3.39e-01 -1.60e-01 1.96e-02

(b)矿车停止静压等值线图

图 4.9   矿车停止静压分布图

-2.22e+00 -2.08e+00 -1.93e+00 -1.78e+00 -1.63e+00 -1.48e+00 -1.33e+00 -1.18e+00 -1.03e+00 -8.84e-01 -7.35e-01 -5.86e-01 -4.37e-01 -2.88e-01 -1.39e-01 9.65e-03

(a)矿车顺风运行静压云图

-2.22e+00 -2.07e+00 -1.91e+00 -1.75e+00 -1.59e+00 -1.43e+00 -1.27e+00 -1.11e+00 -9.48e+00 -7.88e-01 -6.29e-01 -4.69e-01 -3.01e-01 -1.50e-01 9.65e-03

(b)矿车顺风运行静压等值线图

图 4.10   矿车顺风运行静压分布图

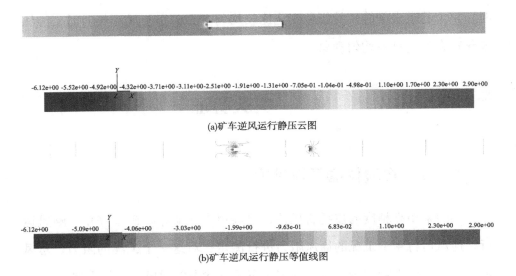

(a)矿车逆风运行静压云图

(b)矿车逆风运行静压等值线图

图 4.11 矿车逆风运行静压分布图

4.2.3.3 结果分析

（1）由图 4.6 矿车停止全压分布图可以看出阻力损失主要集中在矿车的正后方（即下风口）那段狭长的浅绿色尾迹处，也是巷道全压最低的区域。由图 4.7、图 4.8 可以看出，其阻力损失主要集中在巷道的两帮，尤其是下风口段巷道两侧狭长的淡青色区域，也是巷道全压最低的区域。

（2）比较图 4.6～图 4.8，很明显可以看出图 4.7 矿车逆风运行全压分布图不论在沿巷道长度方向还是宽度方向颜色量级变化幅度（即损失）比图 4.6 矿车停止全压分布图、图 4.8 矿车顺风运行全压分布图都小一个颜色量级，而图 4.6 又比图 4.8 小一个颜色量级，所以矿车逆风运行时巷道通风阻力最大，矿车顺风运行时通风阻力最小。

（3）巷道在同一标高，位压相同，从而巷道中各点的速压和静压存在此消彼长的对应关系。如图 4.9～图 4.11 所示矿车停止、逆风和顺风运行时，整个巷道表征静压的颜色变化比较均匀。而矿车与风流相对时，静压变化存在突变且不均匀现象。

4.3 实验验证

4.3.1 实验仪器及测试方法

实验采用高精度的皮托管压差计对巷道中无矿车、矿车停止、顺风运行、逆风运行4个工况的通风阻力进行测定，对这4个工况的阻力、总风阻、百米风阻进行比较，从而确定矿车运行状态对通风系统的影响。

压力测定采用倾斜式微压计，风量测定采用机械翼轮式风表。巷道长度120m，半圆拱形，锚喷支护。测定位置如图4.12～图4.14所示。

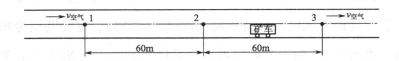

图4.12　矿车停止运行测点布置示意图

图4.13　矿车顺风运行测点布置示意图

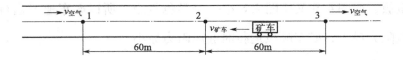

图4.14　矿车逆风运行测点布置示意图

4.3.2 矿车运行状态对系统影响测定结果与分析

通过对矿车在不同断面巷道和不同运行状态下的现场测试得到矿车对巷道通风阻力的影响，其对阻力、总风阻、百米风阻影响数值及规律如表4.1，以及图 4.15～图 4.17 所示。

表 4.1　矿车运行状态对不同断面巷道影响测定结果汇总表

测段	矿车状态	风量 (m³/min)	形状	阻力 (Pa)	总风阻 (N·s²/m⁸)	百米风阻 (N·s²/m⁸)
(1) 矿车运行测定结果（断面 13.2m²）						
1－2	无矿车	5 283.8	拱形	45.0	0.005 803	0.009 671
2－3	矿车停止	5 283.8	拱形	83.2	0.010 729	0.017 881
2－3	矿车顺风运行	5 283.8	拱形	25.0	0.003 224	0.005 373
2－3	矿车逆风运行	5 283.8	拱形	162.0	0.020 890	0.034 816
(2) 矿车运行测定结果（断面 10.0m²）						
1－2	无矿车	5 387.0	拱形	75.0	0.009 304	0.015 507
2－3	矿车停止	5 387.0	拱形	107.4	0.013 320	0.022 199
2－3	矿车顺风运行	5 387.0	拱形	37.4	0.004 636	0.007 726
2－3	矿车逆风运行	5 387.0	拱形	210.2	0.026 076	0.043 461
(3) 矿车运行测定结果（断面 8.8m²）						
1－2	无矿车	4 152.9	拱形	39.1	0.008 168	0.013 613
2－3	矿车停止	4 152.9	拱形	71.4	0.014 910	0.024 850
2－3	矿车顺风运行	4 152.9	拱形	29.0	0.006 049	0.010 081
2－3	矿车逆风运行	4 152.9	拱形	146.9	0.030 659	0.051 098

（1）因所取测定巷道长度一样，由表 4.1 及图 4.15～图 4.17 可以看出，巷道中停放矿车时其通风阻力、风阻是无矿车时的 1.4～1.8 倍；巷道中无矿车时是有矿车顺风运行时的 1.4～2.0 倍；矿车逆风运行时是无矿车时的 2.8～3.8 倍。

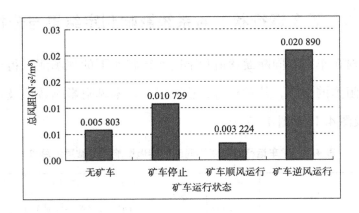

图4.15 矿车运行状态对总风阻的影响（断面13.2m²）

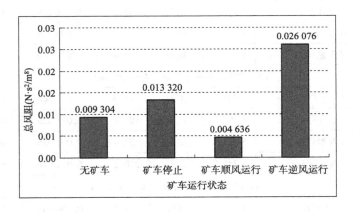

图4.16 矿车运行状态对总风阻的影响（断面10.0m²）

（2）由测定结果可知矿车状态对巷道的通风阻力、风阻影响大小排序为：矿车逆风运行 > 矿车停止 > 无矿车 > 矿车顺风运行。

（3）由于矿车状态对巷道通风阻力影响较大，因此，通风困难时期最大通风路线的通风巷道内尽量不要停放、运行矿车。

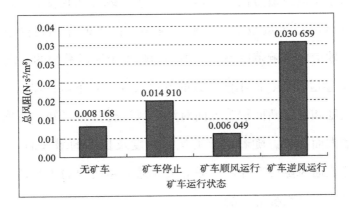

图 4.17　矿车运行状态对总风阻的影响（断面 8.8m²）

4.4　本章小结

本章阐述了平巷活塞风的形成机理，建立了矿车运行活塞风的数学模型。利用 Fluent 软件对矿车在不同运行状态下的巷道压力分布进行了模拟，并通过大量实验定量分析矿车运行对通风系统的影响。

（1）在矿车巷道运动简化模型基础上，建立了平巷活塞风风速及风压数学模型。通过活塞风数学模型可知，矿井活塞风的控制可以从控制矿井活塞风速和降低矿井活塞风的不利影响两方面入手，即降低矿车运行速度和减小阻塞比。

（2）在理论推导基础上，对活塞风影响因素进行了分析，结果表明：巷道内活塞风速同矿车运行速度、阻塞比、矿车长度及阻力系数等因素相关；矿车匀速运行时巷道内的活塞风速是恒定不变的，矿车前方活塞风压随距车头位置距离的增大而线性减小。

（3）通过数值模型及现场实验分析了活塞风对通风系统的冲击影响，

当矿井通风系统的风流方向与矿车产生的活塞风方向相反时，活塞风效应可能会导致该区域风量减少。一般情况下，由于矿车运行速度不高，因此，活塞风效应的影响范围不大，不会影响整个通风系统的稳定性。

（4）从巷道长度、矿车前后方的巷道长度、矿车运行速度、矿车断面积、矿车长度和巷道断面积等方面对活塞风进行分析可知：活塞风速随巷道面积的增大而减小，随着矿车的运行速度及长度的增大而增大。因此，对高阻矿井或通风困难矿井可考虑对最大通风路线内的矿车适当限速，以减小活塞风对通风系统的影响。

（5）通过对巷道矿车运行状态的计算机模拟，可以看出阻力损失主要集中在矿车的正后方（即下风口）和巷道的两帮，矿车逆风运行时巷道通风阻力最大，矿车顺风运行时通风阻力最小。

（6）通过对城郊矿典型巷道的测定，巷道中无矿车时其阻力是矿车顺风运行时的1.4～2.0倍；巷道中停放矿车时是无矿车时的1.4～1.8倍；矿车逆风运行时是无矿车时的2.8～3.8倍，矿车状态对巷道通风阻力影响较大，但对整个通风系统影响较小。因此，在通风容易时期活塞风对通风系统影响可忽略不计；在通风困难时期其影响不可忽略。在风速高、阻力大的主要通风巷道尽量不要停放或安排矿车运行，这样可大大减小活塞风对系统的影响。

5

立井提升设备活塞风对通风
系统冲击模型及影响分析

竖井提升是立井开拓矿山生产系统的主要组成部分，它主要负责运送人员、设备、提升物料等，是立井开拓生产系统不可或缺的一部分。由于罐笼一般安装在矿井的进风井筒或回风井筒中，罐笼频繁升降会造成井筒有效过风面积的不断变化，随着罐笼的运行，对井筒来说就相当于一个调节风门沿着井筒上、下往复运动，这使得井筒内风流场产生周期性变化。由于井筒又与井下主要进、回风大巷相连通，罐笼运行所导致的风流变化可能会对整个通风系统造成影响。因此，研究罐笼运行状态对通风系统的影响规律及大小对保证通风系统的稳定性具有重要意义。

5.1 井筒提升设备活塞风理论计算模型

罐笼在一个运行周期内要经历加速、匀速、减速和停止运行的过程，由于立井提升一般为双罐笼运行，当一罐笼逆风上升时，另一罐笼则顺风下降运行，因此罐笼运行所产生的活塞风是时刻变化的非稳定流。（示意图见图 5.1）

5.1.1 罐笼顺风运行活塞风

5.1.1.1 罐笼 A 对井筒风流的相对速度

$$v_t' = v_t - v\, v_0 \tag{5.1}$$

根据质量守恒定律，认为空气为不可压缩流体，则有：

$$A_t(v_t - v_0)\mathrm{d}t = A\,v_h'\mathrm{d}t + (A - A_t)v_c\mathrm{d}t \tag{5.2}$$

$$v_c = \frac{A_t v_t - A_t v_0 - A\,v_h'}{A - A_t}$$

5.1.1.2 环状空间风流对罐笼的相对速度

$$v_c' = v_c + v_t = \frac{v_t - \alpha v_0 - v_h'}{1 - \alpha} \tag{5.3}$$

式（5.1）~式（5.3）中：

v_0——不受罐笼运行影响的井筒内风速，m/s；

v_c——罐笼周围环状空间的风速，m/s；

v_t——罐笼运行速度，m/s；

v_t'——罐笼 A 对井筒风流的相对速度，m/s；

A——井筒断面，m^2；

A_t——罐笼断面，m^2；

v_h——活塞风速，m/s；

v_h'——相对井筒风速的活塞风速，m/s；

α——阻塞比，罐笼断面与井筒断面比值，即 $\alpha = \dfrac{A_t}{A}$。

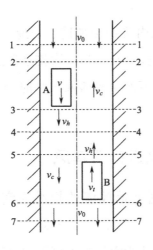

图5.1　罐笼活塞风计算示意图

5.1.1.3　2-3 段风流对罐笼 A 运动的伯努利方程

$$\rho g Z_2 + P_2 + \frac{\rho v_2^2}{2} = \rho g Z_3 + P_3 + \frac{\rho v_3^2}{2} + \Delta h_{2-3} \tag{5.4}$$

$$\rho g l_t + P_2 - P_3 + \left(\xi_1 + \lambda_0 \frac{l_t}{d_0} + \xi_2 \right) \frac{\rho (v_c')^2}{2} = 0 \tag{5.5}$$

将 (5.3) 代入 (5.5)，得：

$$\rho g l_t + P_2 - P_3 + \frac{\rho}{2}\left(\xi_1 + \lambda_0 \frac{l_t}{d_0} + \xi_2\right)\left(\frac{v_t - \alpha v_0 - v_h{}'}{1 - \alpha}\right)^2 = 0 \tag{5.6}$$

式 (5.4) ～ (5.5) 中：

Δh_{2-3} ——2 - 2 和 3 - 3 两个截面之间的通风阻力，Pa；

v_2, v_3 ——分别为 2 - 2 和 3 - 3 截面的平均风速，m/s；

ρ ——空气密度，kg/m^3；

P_2, P_3 ——分别为 2 - 2 和 3 - 3 断面的压力，Pa；

ξ_1 ——罐笼前端环状空间局部阻力系数；

λ_0 ——环状空间摩擦阻力系数；

ξ_2 ——罐笼后端环状空间出口局部阻力系数；

l_t ——罐笼高度，m；

d_0 ——环状空间水力直径，m。

5.1.1.4　1 - 2 段、3 - 4 段伯努利方程

$$\rho g l_{1-2} + P_1 - P_2 = \frac{\rho (v_h{}')^2}{2} + \frac{\rho \lambda l_{1-2} (v_h{}')^2}{8d} \tag{5.7}$$

$$\rho g l_{3-4} + P_3 - P_4 + \frac{\rho (v_h{}')^2}{2} = \frac{\rho \lambda l_{3-4} (v_h{}')^2}{8d} \tag{5.8}$$

式中：　λ ——巷道的沿程阻力系数；

P_1, P_4 ——分别为 1 - 1 和 4 - 4 两个截面的压力，Pa；

l_{1-2}, l_{3-4} ——分别为 1 - 1 截面到 2 - 2 截面、3 - 3 截面到 4 - 4 截面的高

度，m；

d ——井筒水力直径，m。

在以井筒风速为参考的相对坐标系中 1 - 1 截面与 4 - 4 截面风流速度

均为 0，则有：

$$P_4 - P_1 = \rho g (l_{1-2} + l_t + l_{3-4}) \tag{5.9}$$

联立方程（5.5）和（5.9）可以求得相对井筒风速的活塞风速：

$$v_h' = \frac{2(v_t - \alpha v_0)\sqrt{dk}}{\sqrt{\lambda(l_{1-2} + l_{3-4})} + 2\sqrt{dk}} \tag{5.10}$$

式中：k——活塞效应局部阻力系数，$k = \dfrac{\xi_1 + \lambda_0 \dfrac{l_1}{d_0} + \xi_2}{(1 - \alpha)^2}$，

5.1.1.5 井筒中顺风运行罐笼产生的活塞风速

$$v_h = v_h' + v_0 = \frac{2(v_t - \alpha v_0)\sqrt{dk}}{\sqrt{\lambda(l_{1-2} + l_{3-4})} + 2\sqrt{dk}} + v_0 \tag{5.11}$$

5.1.1.6 井筒中顺风运行罐笼产生的活塞风压

根据式（5.5）可得罐笼 A 在运行过程中产生的活塞风压为：

$$P_A = P_3 - P_2 = \rho g l_t + \frac{\rho}{2}\left(\xi_1 + \lambda_0 \frac{l_t}{d_0} + \xi_2\right)\left(\frac{v_t - \alpha v_0 - v_h'}{1 - \alpha}\right)^2 = 0 \tag{5.12}$$

5.1.2 罐笼逆风运行活塞风

5.1.2.1 井筒中逆风运行罐笼产生的活塞风速

由质量守恒定律，罐笼 B 产生的活塞风速为：

$$A_t(v_t + v_0)\mathrm{d}t = A v_h'\mathrm{d}t + (A - A_t)v_c\mathrm{d}t \tag{5.13}$$

则 $v_c = \dfrac{\alpha(v_t + v_0) - v_h'}{1 - \alpha}$。

5.1.2.2 环状空间风流对罐笼的相对速度

$$v_c' = v_c + v_t = \frac{\alpha(v_t + v_0) - v_h'}{1 - \alpha} + v_t = \frac{\alpha v_0 + v_t - v_h'}{1 - \alpha} \tag{5.14}$$

5.1.2.3 5-6 段、4-5 段、6-7 段和 4-7 段风流对罐笼 B 运动的伯努利方程

$$\rho g l_t + P_5 - P_6 = \frac{\rho k (\alpha v_0 + v_t - v_h')^2}{2} \tag{5.15}$$

$$\rho g l_{4-5} + P_4 - P_5 + \frac{\rho \lambda l_{4-5} (v_h')^2}{8d} = \frac{\rho (v_h')^2}{2} \qquad (5.16)$$

$$\rho g l_{6-7} + P_6 - P_7 + \frac{\rho (v_h')^2}{2} + \frac{\rho \lambda l_{6-7} (v_h')^2}{8d} = 0 \qquad (5.17)$$

$$P_7 - P_4 = \rho g (l_{4-5} + l_t + l_{6-7}) \qquad (5.18)$$

式中：l_{4-5}，l_{6-7}——分别为 4－4 截面到 5－5 截面、6－6 截面到 7－7 截面的高度，m。

对式（5.15）、（5.16）、（5.17）、（5.18）联立求解，即得罐笼逆行产生的对井筒风速的相对活塞风速：

$$v_h' = \frac{2(v_t + \alpha v_0) \sqrt{dk}}{\sqrt{\lambda (l_{4-5} + l_{6-7})} + 2\sqrt{dk}} \qquad (5.19)$$

5.1.2.4　井筒中逆风运行罐笼产生的活塞风速

$$v_h = v_h' - v_0 = \frac{2(v_t + \alpha v_0) \sqrt{dk}}{\sqrt{\lambda (l_{4-5} + l_{6-7})} + 2\sqrt{dk}} - v_0 \qquad (5.20)$$

5.1.2.5　井筒中逆风运行罐笼产生的活塞风压

将式（5－15）变形即得到罐笼 B 产生的活塞风压：

$$P_B = P_5 - P_6 = \frac{\rho k (\alpha v_0 + v_t - v_h')^2}{2} - \rho g l_t \qquad (5.21)$$

5.1.3　罐笼交会时的活塞风

当两罐笼相距较近时，其活塞风将相互影响。当罐笼上升时，由于是逆风运行，此时产生的活塞风速较小，其对顺风运行罐笼的影响可以忽略不计，则可得罐笼相互影响时的活塞风速计算式。

5.1.3.1　井筒中顺风运行罐笼产生的活塞风速

由于罐笼上升，逆风运行时产生的活塞风对顺风运行罐笼的影响忽略不计，因此，罐笼顺风运行活塞风计算式不变，仍为式（5.11）。

$$v_A = \frac{2(v_t - \alpha v_0)\sqrt{dk}}{\sqrt{\lambda(l_{1-2} + l_{3-4})} + 2\sqrt{dk}} + v_0 \qquad (5.22)$$

5.1.3.2 井筒中逆风运行罐笼产生的活塞风速

由于顺风运行罐笼产生的活塞风速较大,其对逆风运行罐笼的影响不可忽略,则罐笼逆行产生的活塞风速为:

$$v_B = \frac{2(v_t + \alpha v_0)\sqrt{dk}}{\sqrt{\lambda(l_{4-5} + l_{6-7})} + 2\sqrt{dk}} - v_A \qquad (5.23)$$

式中:v_0——不受罐笼运行影响的井筒内风速,m/s;

$\quad\quad v_A$——逆风运行罐笼产生的活塞风速,m/s。

5.2 井筒提升设备活塞风数值模拟

通常情况下罐笼设计运行速度为 6m/s ~ 10m/s,罐笼在井筒中运行时,上下压力的瞬间变化会产生附加风流,这种风流会对井筒正常风流产生干扰。此外,罐笼在一个运行周期内要经历加速、匀速、减速和停止运行的过程,因此罐笼运行所产生的活塞风是时刻变化的非稳定流。

5.2.1 物理模型建立

城郊煤矿采用立井、石门、大巷、斜井等运输方式。人员、材料及设备由副井经 -495 轨道运输石门分别进入 -495 北翼轨道大巷、 -495 西翼轨道运输大巷和南翼轨道运输石门。本模型采用城郊矿副立井为模型基础,井筒直径为 5m,井筒深 530m,进风量 11 000m³/min。罐笼型号为 GDGK1.5/9/2/4,罐笼长 2.4m,宽 1.5m,高 5m,模型及实物图见图 5.2、图 5.3。本模拟通过分析罐笼静止时和罐笼运行时的风流参数,对比得出罐笼提升对立井风流的影响。

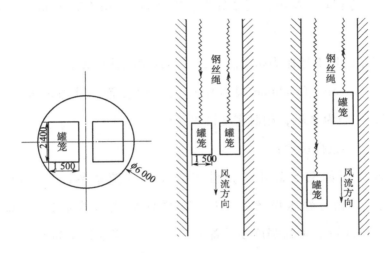

图 5.2   罐笼提升模型示意图

图 5.3   罐笼实物图

5.2.2   模拟条件

（1）由于风流为定常流动风流，且忽略黏性和摩擦生热，温度变化很小，因此不选用能量方程。

（2）由于井筒风流仍假定为定常流动风流，本章仍选用第4章所采用的 $k-\varepsilon$ 二方程紊流模型，近壁处理选择 standard wall functions，其他保持默认设置。

（3）求解器选用压力基求解器，其他保留默认设置。

（4）Operating Condition 设置中选用重力设置，重力加速度设置为 $9.8\mathrm{m/s^2}$，方向为 Z 轴，相对密度设置为0。

（5）边界条件设置：

①入口（如图5.2井口）设置为质量入流边界，质量流大小为 $224.58\mathrm{kg/s}$，相对静压设置为 -0.27，湍流定义方式选择 intensity and hydraulic diameter，紊流强度项设置为0.7，水力半径设置为1.25；

②出口（如图5.2井底）设置为 outflow 出流边界，出流参数设置为1，即没有回流；

③立井墙面设置为 Wall 边界，wall motion 设置为 moving wall，运动方式选择 absolute，translational，速度输入为0；

④上升和下降罐笼都设置为 Wall 边界，wall motion 设置为 moving wall，运动方式选择 absolute，translational，输入罐笼实际速度，分别为 $9.34\mathrm{m/s}$，$-9.34\mathrm{m/s}$。

5.2.3 模拟结果及分析

由于风流静压、风流速度、湍流强度及湍动能耗散率分布反映了井筒内风流流场变化及受扰动的程度，当罐笼速度分别为 $9.34\mathrm{m/s}$，$0\mathrm{m/s}$，$-9.34\mathrm{m/s}$ 运行时，井筒内风流静压、风流速度、湍流强度及湍动能耗散率变化如图5.4～图5.11所示。

5.2.3.1　井简风流静压与风速分布图

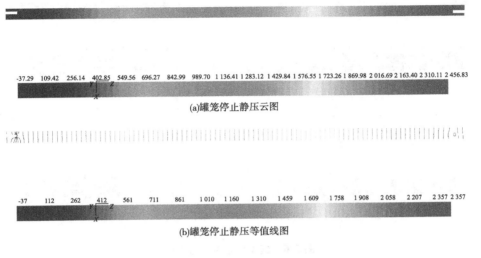

-37.29　109.42　256.14　402.85　549.56　696.27　842.99　989.70　1 136.41　1 283.12　1 429.84　1 576.55　1 723.26　1 869.98　2 016.69　2 163.40　2 310.11　2 456.83

(a)罐笼停止静压云图

-37　112　262　412　561　711　861　1 010　1 160　1 310　1 459　1 609　1 758　1 908　2 058　2 207　2 357　2 357

(b)罐笼停止静压等值线图

图 5.4　罐笼停止静压分布图

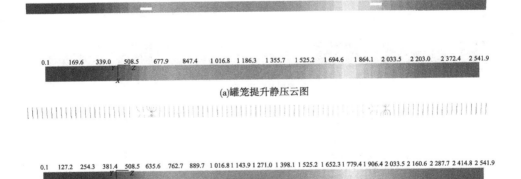

0.1　169.6　339.0　508.5　677.9　847.4　1 016.8　1 186.3　1 355.7　1 525.2　1 694.6　1 864.1　2 033.5　2 203.0　2 372.4　2 541.9

(a)罐笼提升静压云图

0.1　127.2　254.3　381.4　508.5　635.6　762.7　889.7　1 016.8　1 143.9　1 271.0　1 398.1　1 525.2　1 652.3　1 779.4　1 906.4　2 033.5　2 160.6　2 287.7　2 414.8　2 541.9

(b)罐笼提升静压等值线图

图 5.5　罐笼提升静压分布图

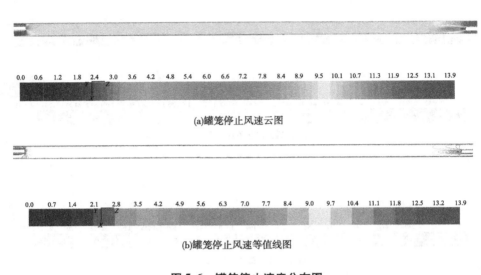

0.0 0.6 1.2 1.8 2.4 3.0 3.6 4.2 4.8 5.4 6.0 6.6 7.2 7.8 8.4 8.9 9.5 10.1 10.7 11.3 11.9 12.5 13.1 13.9

(a)罐笼停止风速云图

0.0 0.7 1.4 2.1 2.8 3.5 4.2 4.9 5.6 6.3 7.0 7.7 8.4 9.0 9.7 10.4 11.1 11.8 12.5 13.2 13.9

(b)罐笼停止风速等值线图

图 5.6   罐笼停止速度分布图

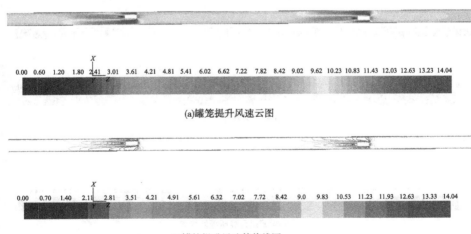

0.00 0.60 1.20 1.80 2.41 3.01 3.61 4.21 4.81 5.41 6.02 6.62 7.22 7.82 8.42 9.02 9.62 10.23 10.83 11.43 12.03 12.63 13.23 14.04

(a)罐笼提升风速云图

0.00 0.70 1.40 2.11 2.81 3.51 4.21 4.91 5.61 6.32 7.02 7.72 8.42 9.0 9.83 10.53 11.23 11.93 12.63 13.33 14.04

(b)罐笼提升风速等值线图

图 5.7   罐笼提升风速分布图

5.2.3.2   井筒风流湍流分布图

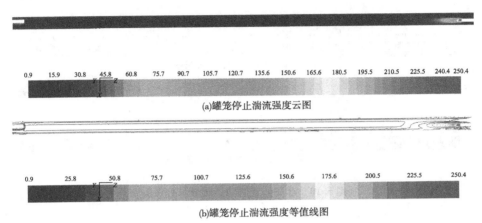

(a)罐笼停止湍流强度云图

(b)罐笼停止湍流强度等值线图

图 5.8   罐笼停止湍流强度分布图

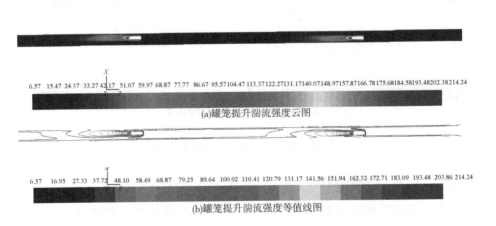

(a)罐笼提升湍流强度云图

(b)罐笼提升湍流强度等值线图

图 5.9   罐笼提升湍流强度分布图

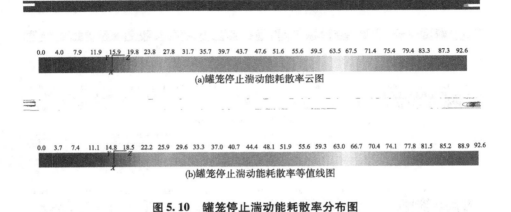

0.0　4.0　7.9　11.9　15.9　19.8　23.8　27.8　31.7　35.7　39.7　43.7　47.6　51.6　55.6　59.5　63.5　67.5　71.4　75.4　79.4　83.3　87.3　92.6

(a)罐笼停止湍动能耗散率云图

0.0　3.7　7.4　11.1　14.8　18.5　22.2　25.9　29.6　33.3　37.0　40.7　44.4　48.1　51.9　55.6　59.3　63.0　66.7　70.4　74.1　77.8　81.5　85.2　88.9　92.6

(b)罐笼停止湍动能耗散率等值线图

图 5.10　罐笼停止湍动能耗散率分布图

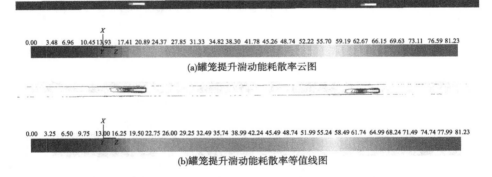

0.00　3.48　6.96　10.45　13.93　17.41　20.89　24.37　27.85　31.33　34.82　38.30　41.78　45.26　48.74　52.22　55.70　59.19　62.67　66.15　69.63　73.11　76.59　81.23

(a)罐笼提升湍动能耗散率云图

0.00　3.25　6.50　9.75　13.00　16.25　19.50　22.75　26.00　29.25　32.49　35.74　38.99　42.24　45.49　48.74　51.99　55.24　58.49　61.74　64.99　68.24　71.49　74.74　77.99　81.23

(b)罐笼提升湍动能耗散率等值线图

图 5.11　罐笼提升湍动能耗散率分布图

5.2.3.3　结果分析

（1）由罐笼停止和罐笼提升时井筒内静压分布图（图5.4、图5.5）可知两者在井筒长度方向颜色量级变化幅度都非常均匀，井筒宽度方向颜色（即静压）基本相同，这说明罐笼停止时和罐笼提升时立井内静压分布基本相同，静压的分布变化基本不受罐笼运行影响，其变化主要取决于位压的变化。

（2）由罐笼停止和罐笼提升时井筒内风速分布图（图5.6、图5.7）可知，两者除罐笼部分及其下风口有稍许不同，其他区域颜色（即速度大小）都非常均匀。罐笼停止时，罐笼导致立井风流速度混乱部分总长15m；罐笼提升时，罐笼运行导致立井风流混乱部分总长30m，即罐笼（长5m）及其以下10m内风速不均匀。相对于井筒576m的长度，罐笼运行对风流扰乱的影响可以忽略，即罐笼停止和罐笼运行对风流速度的影响不大。

（3）湍流强度是衡量湍流风流混乱程度大小的一个物理量，它表示湍动能的大小。另一个物理量是湍动能耗散率，它表示湍动能的损失量大小，即转化为风流温度的能量大小，可表征湍流导致的局部损失大小。由图5.8、图5.9可知，罐笼停止时井筒中湍流强度较大的区域集中在罐笼正下方5m内，罐笼运行时井筒中湍流强度较大的区域集中在罐笼正下方10m内，相对于整个立井长度而言，罐笼停止和罐笼运行对井筒湍流强度的影响较小。

（4）由图5.10、图5.11，可看出两者图形基本相同，而且湍动能耗散率增大区域只位于罐笼正下方2m以内，增加幅度也只有一个颜色量级，说明罐笼停止和罐笼运行对井筒风流湍动能耗散率影响很小，即井筒中罐笼停止和运行产生的局部损失区域及大小都是很小的。

5.3　实验验证

5.3.1　实验仪器及测试方法

实验预连续采集罐笼从停止到运行在井筒中的不同阶段时对风网的冲

击压力，利用"CH3T矿用本安型通风参数测定仪"每隔20s～30s记录一次压力值，并绘制出压力随时间变化曲线。

5.3.2　罐笼运行状态对系统影响测定结果与分析

　　通过对城郊矿、宝雨山矿、新集二矿及顾北矿井底气压随罐笼运行状态的变化规律、地面大气压随时间变化，以及自然风压大小的测定，得到了罐笼运行对井底气压影响的大小，并同大气压变化及自然风压测定结果进行比较，确定了三者对通风系统影响程度的不同。详细数值及影响规律如表5.1、表5.2及图5.12～图5.18所示。

表5.1　城郊矿副井底气压随罐笼运行状态变化

罐笼状态	时间	静压(Pa)	时间	静压(Pa)	时间	静压(Pa)	时间	静压(Pa)
测定日期	2015.10.19		2015.10.23		2015.10.25		2016.2.16	
罐笼停止	9：19：00	6 109	8：35：00	6 093	8：52：00	6 175	8：58：10	5 943
开始运行	9：19：20	6 117	8：35：30	6 105	8：52：25	6 169	8：58：44	5 995
正常运行	9：19：40	6 174	8：36：00	6 081	8：52：50	6 213	8：59：01	5 983
正常运行	9：20：00	6 135	8：36：30	6 067	8：53：15	6 246	8：59：42	5 980
罐笼减速	9：20：20	6 113	8：37：00	6 089	8：53：40	6 174	9：00：00	5 987
罐笼停止	9：20：40	6 109	8：37：30	6 091	8：54：05	6 181	9：00：22	5 954
气压变化量及占井筒阻力百分比	65Pa	26.4%	38Pa	15.4%	77Pa	31.2%	52Pa	21.1%
井口标高34.6m	井底标高 −495m		井筒直径 φ5m		井筒阻力246.6Pa		进风量11 000m³/min	
各风井系统自然风压：	北风井316.4Pa		东风井465.5Pa		西风井281.3Pa			
各风井系统风机风压：	北风井2 472.1Pa		东风井2 730.1Pa		西风井2 446.8Pa			

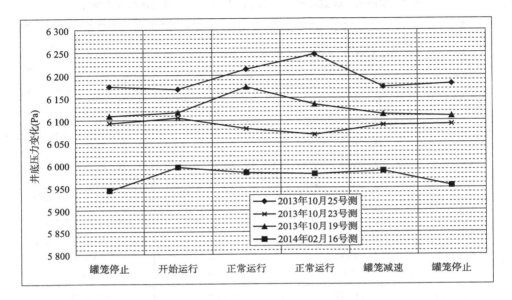

图 5.12 城郊矿副井底气压随罐笼运行状态变化曲线

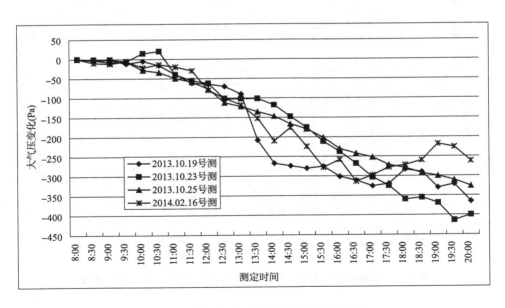

图 5.13 城郊矿地面大气压随时间变化曲线

表5.2　宝雨山、新集二矿、顾北矿副井底气压随罐笼运行状态变化

罐笼状态	时间	静压（Pa）	时间	静压（Pa）	时间	静压（Pa）
测定日期	2014.1.13	宝雨山矿	2015.10.25	新集二矿	2015.11.24	顾北矿
罐笼停止	16：32：00	5 173	14：23：00	6 070	12：25：00	8 069
开始运行	16：32：30	5 154	14：23：30	6 051	12：25：30	8 060
正常运行	16：33：00	5 265	14：24：00	6 055	12：26：00	8 057
正常运行	16：33：30	5 260	14：24：30	6 063	12：26：30	8 047
罐笼减速	16：34：00	5 215	14：25：00	6 049	12：27：00	8 056
罐笼停止	16：34：30	5 170	14：25：30	6 065	12：27：30	8 067
气压变化量及占井筒阻力百分比	19Pa	16.1%	21Pa	8.3%	22Pa	7.1%
井口标高井底标高	452m 8m		26m −550m		25.6m −647.7m	
自然风压	392.8Pa		72.4Pa		562.3 Pa	
井筒直径	ϕ4.5m		ϕ6m		ϕ8.1m	
井筒阻力	117.8Pa		254.1Pa		309.5 Pa	
进风量	3 637m³/min		11 965m³/min		22 007m³/min	

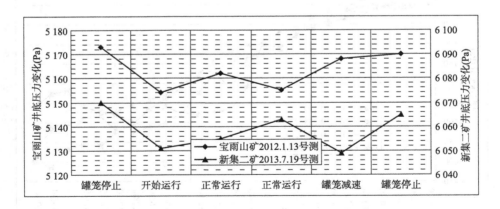

图5.14　宝雨山矿、新集二矿副井底气压随罐笼运行状态变化曲线

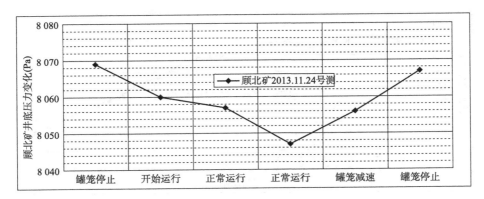

图 5.15   顾北矿副井底气压随罐笼运行状态变化曲线

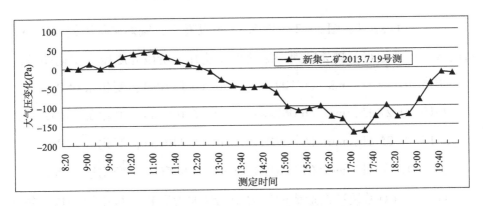

图 5.16   新集二矿地面大气压随时间变化曲线

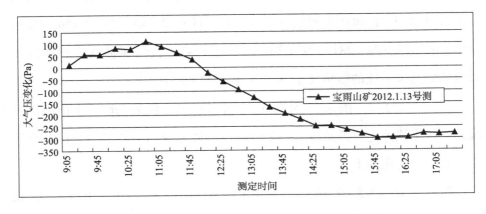

图 5.17   宝雨山矿地面大气压随时间变化曲线

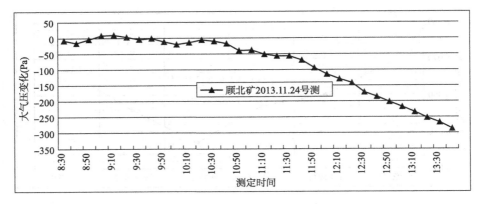

图 5.18　顾北矿地面大气压随时间变化曲线

（1）由表 5.1、图 5.12 及图 5.13 可以看出，城郊矿从罐笼停止→开始运行→正常运行→罐笼减速→罐笼停止这几个阶段井底压力变化如下：

2015. 10. 19 日，min（6 109Pa），max（6 174Pa），变化量 65Pa；

2015. 10. 23 日，min（6 067Pa），max（6 105Pa），变化量 38Pa；

2015. 10. 25 日，min（6 169Pa），max（6 246Pa），变化量 77Pa；

2016. 02. 16 日，min（5 943Pa），max（5 995Pa），变化量 52Pa。

罐笼运行对系统冲击造成的压力变化最大为 77Pa，最小为 38Pa，每天大气压波动对通风系统影响最大值为 414Pa，又由北风井、东风井、西风井风机风压和自然风压实测值分别为 2 472.1Pa，2 730.1Pa，2 446.8Pa 和 316.4Pa，465.5Pa，281.3Pa 可知，罐笼运行相比大气压波动和自然风压对城郊矿通风系统的影响要小得多，可以忽略不计。

（2）由表 5.2、图 5.14 及图 5.15 可以看出，新集二矿、宝雨山矿及顾北矿从罐笼停止→开始运行→正常运行→罐笼减速→罐笼停止这几个阶段井底压力变化如下：

新集二矿 2015. 07. 19 日，min（6 049Pa），max（6 070Pa），变化量 21Pa；

宝雨山矿 2014.01.13 日，min（5 154Pa），max（5 265Pa），变化量 19Pa；

顾北矿 2015.11.24 日，min（8 047Pa），max（8 069Pa），变化量 22Pa。

罐笼提升对新集二矿、宝雨山矿及顾北矿系统冲击造成的压力变化分别为 21Pa，19Pa，22Pa，每天大气压波动对通风系统影响最值分别为（-169Pa~46Pa）（111Pa~-298Pa）（9.8Pa~-286Pa），大气压波动对系统最大影响分别为 215Pa，409Pa，296Pa，又由新集二矿、宝雨山矿及顾北矿风井风机风压和自然风压实测值分别为 1 957.8Pa，2 939.4Pa，2 722Pa 和 72.4Pa，392.8Pa，562.3Pa 可知，罐笼运行相比大气压波动和自然风压对通风系统的影响要小得多，可以忽略不计。

（3）由城郊矿、新集二矿、宝雨山矿及顾北矿 4 个矿实测可知，对双罐笼提升系统来说罐笼运行对通风系统几乎没有影响。

5.4　本章小结

本章基于流体力学理论，在分析罐笼绕流数值模拟相关领域研究成果的基础上，建立了罐笼运行效应下的井筒空气流体动力学理论模型，得出罐笼顺风、逆风运行及交会时的活塞风速和活塞风压同罐笼运行速度及井筒风速的关系；定性地分析罐笼运行效应对通风系统的影响程度；应用 Fluent 软件模拟罐笼运行对井筒内风流场的影响，得到了井筒风流速度场及压力场的变化规律；最后通过大量实验定量分析罐笼运行效应对通风系统影响大小。

（1）通过对罐笼实体模型的分析，建立了罐笼顺风、逆风运行及交会时的活塞风速及风压的理论计算式。

（2）由罐笼活塞风数学模型可知活塞风效应同罐笼外形尺寸、阻塞比、罐笼运行速度、罐笼所处井筒位置、井筒风速、井筒摩擦阻力系数及井筒深度有关，罐笼运行速度越快、阻塞比越大则活塞风效应越明显。罐笼运行状态不同，形成的活塞风流状态也不同。罐笼顺风运行时产生的活塞风速与井筒内风速方向相同，其相对于井筒风速的运行速度较小，活塞风对井筒风速的影响较为平缓；罐笼逆风运行时产生的活塞风速方向与井筒风速方向相反，其相对速度大，罐笼周围风流场变化梯度大；当两罐笼交会时，井筒中将出现复杂的流场、速度场和压力场，可能在同一断面出现部分风流正向流动、部分风流反向流动的现象。

（3）通过计算机模拟罐笼停止和罐笼提升时井筒内静压、风速和湍流强度分布可知，当两罐笼相距较远时，两罐笼产生的活塞风效应基本独立互不影响，罐笼逆风运行时对井筒风流场影响较大，顺风时影响较小。但总体来看虽然罐笼运行状态对井筒通风阻力有一定影响，但对整个通风系统造成的冲击影响很小，不会对通风系统的稳定性造成影响。

（4）由城郊矿、宝雨山矿、新集二矿和顾北矿罐笼运行、大气压及自然风压的测试结果可知，罐笼运行、大气压波动及自然风风压对系统的冲击最大分别为77Pa，414Pa，562.3Pa，可以看出罐笼在运行过程中会造成井筒阻力的变化，但对矿井通风系统产生的冲击影响很小，其影响远不如大气压、自然风压变化对通风系统的影响大。

基于噪声频谱分析的风机运行稳定性快速判别

机械通风是矿井通风的主要形式，为确保井下空气的质量和数量，每一个矿井都必须采用通风机通风。通风机日夜不停地运转，将新鲜空气送往井下，并将污浊空气排到地面。为研究通风机在不同性能下的噪声频谱特征参数，并为风机性能变化早期诊断提供可靠判据，可以通过实验室及现场实验对轴流式通风机和离心式通风机在不同性能下的噪声频谱特征进行分析。

6.1　通风机噪声与性能基本理论

6.1.1　通风机声功率级

　　声的能量和声压的平方成比例，所以通风机的声功率级和通风机压力的平方成正比。对某一通风机来说其产生的压力是一定的，这样通风机的声功率级将随着流量的增减而变化。可以推知，当声压一定时，声的能量与声的通流面积成比例。

　　通风机声功率级 PWL 的计算式，可以采用 L. L. Bθranθk 所提出的公式：

$$PWL = 38 + 10\lg Q + 20\lg P \text{ , dB} \tag{6.1}$$

式中：Q ——流量，m^3/s；

　　　　P ——全压，N/m^2。

　　在通风机噪声控制和测试中，其声功率级往往采用下式计算：

$$PWL = SPL + 10\lg S \text{ , dB} \tag{6.2}$$

式中：SPL ——测点上测得的平均声压级，dB；

　　　　S ——风筒截面积，m^2。

当考虑空气温度和大气压对声功率级的影响时，上式可写成：

$$PWL = SPL + 10\lg S + 10\lg\left(\frac{1.01325 \times 10^5}{P_b}\sqrt{\frac{T}{273}}\right)，dB \qquad (6.3)$$

式中：P_b——大气压，Pa；

$\quad\quad T$——空气绝对温度，K。

此外，前人理论分析和试验研究表明，通风机声源的声功率与叶轮周速的 6 次方、叶轮直径的平方成正比，即：

$$W \propto \rho\xi D^2 \frac{u^6}{a^3} = \rho\xi D^2 u^3 M^3 \qquad (6.4)$$

式中：ρ——空气密度；kg/m^3；

$\quad\quad \xi$——阻力系数；

$\quad\quad D$——叶轮直径，m；

$\quad\quad u$——叶轮周速；m/s；

$\quad\quad a$——音速，m/s；

$\quad\quad M$——马赫数。

6.1.2 通风机的比声功率级

正如比转速可以代表比例设计的系列通风机叶轮性能一样，比声功率级也可用来表示相似通风机的噪声特性。比声功率级是指相同系列通风机在单位风量和单位静压下运转所产生的噪声声功率级。

通风机的比声功率级 PWL_s 可用下式表示：

$$PWL_s = PWL - 10\lg(QP^2)，dB \qquad (6.5)$$

式中：P——静压，$mm\ H_2O$；

$\quad\quad Q$——流量，m^3/s。

6.1.3 通风机噪声和性能的关系

根据相似理论，两个相似风机的性能，包括流量、静压、功率遵循如下比例法则：

$$流量 \propto （尺寸比）^3 \times （转速比）$$

$$静压 \propto （尺寸比）^2 \times （转速比）^2$$

$$功率 \propto （尺寸比）^5 \times （转速比）^3$$

两个相似风机噪声级与性能则遵循 Madison 和 Graham 噪声法则：

6.1.3.1 通风机直径、转速噪声法则

$$SPL_2 = SPL_1 + 70\lg\frac{D_2}{D_1} + 50\lg\frac{n_2}{n_1} \tag{6.6}$$

$$\begin{cases} Q_2 = Q_1 \times \left(\dfrac{D_2}{D_1}\right)^3 \times \dfrac{n_2}{n_1} \\[2ex] P_2 = P_1 \times \left(\dfrac{D_2}{D_1}\right)^2 \times \left(\dfrac{n_2}{n_1}\right)^2 \times \dfrac{\rho_2}{\rho_1} \\[2ex] N_2 = N_1 \times \left(\dfrac{D_2}{D_1}\right)^5 \times \left(\dfrac{n_2}{n_1}\right)^3 \times \dfrac{\rho_2}{\rho_1} \end{cases}$$

6.1.3.2 通风机直径、压力噪声法则

$$SPL_2 = SPL_1 + 20\lg\frac{D_2}{D_1} + 25\lg\frac{P_2}{P_1} \tag{6.7}$$

$$\begin{cases} Q_2 = Q_1 \times \left(\dfrac{D_2}{D_1}\right)^2 \times \left(\dfrac{P_2}{P_1}\right)^{1/2} \times \left(\dfrac{\rho_1}{\rho_2}\right)^{1/2} \\[2ex] n_2 = n_1 \times \left(\dfrac{D_1}{D_2}\right) \times \left(\dfrac{P_2}{P_1}\right)^{1/2} \times \left(\dfrac{\rho_1}{\rho_2}\right)^{1/2} \\[2ex] N_2 = N_1 \times \left(\dfrac{D_2}{D_1}\right)^2 \times \left(\dfrac{P_2}{P_1}\right)^{3/2} \times \left(\dfrac{\rho_1}{\rho_2}\right)^{1/2} \end{cases}$$

6.1.3.3 通风机直径、流量噪声法则

$$SPL_2 = SPL_1 - 80\lg\frac{D_2}{D_1} + 50\lg\frac{Q_2}{Q_1} \tag{6.8}$$

$$\begin{cases} n_2 = n_1 \times \left(\dfrac{D_1}{D_2}\right)^3 \times \left(\dfrac{Q_2}{Q_1}\right) \\[3mm] P_2 = P_1 \times \left(\dfrac{D_1}{D_2}\right)^4 \times \left(\dfrac{Q_2}{Q_1}\right)^2 \times \dfrac{\rho_2}{\rho_1} \\[3mm] N_2 = N_1 \times \left(\dfrac{D_1}{D_2}\right)^4 \times \left(\dfrac{Q_2}{Q_1}\right)^3 \times \dfrac{\rho_2}{\rho_1} \end{cases}$$

6.1.3.4 通风机直径、功率噪声法则

$$SPL_2 = SPL_1 - 13.3\lg\dfrac{D_2}{D_1} + 16.6\lg\dfrac{N_2}{N_1} \qquad (6.9)$$

$$\begin{cases} Q_2 = Q_1 \times \left(\dfrac{D_2}{D_1}\right)^{4/3} \times \left(\dfrac{N_2}{N_1}\right)^{1/3} \times \left(\dfrac{\rho_1}{\rho_2}\right)^{1/3} \\[3mm] P_2 = P_1 \times \left(\dfrac{D_1}{D_2}\right)^{4/3} \times \left(\dfrac{N_2}{N_1}\right)^{2/3} \times \left(\dfrac{\rho_1}{\rho_2}\right)^{1/3} \\[3mm] n_2 = n_1 \times \left(\dfrac{D_1}{D_2}\right)^{5/3} \times \left(\dfrac{N_2}{N_1}\right)^{1/3} \times \left(\dfrac{\rho_1}{\rho_2}\right)^{1/3} \end{cases}$$

6.1.3.5 通风机流量、压力噪声法则

$$SPL_2 = SPL_1 + 10\lg\dfrac{Q_2}{Q_1} + 20\lg\dfrac{P_2}{P_1} \qquad (6.10)$$

$$\begin{cases} D_2 = D_1 \times \left(\dfrac{Q_2}{Q_1}\right)^{1/2} \times \left(\dfrac{P_2}{P_1}\right)^{1/4} \times \left(\dfrac{\rho_2}{\rho_1}\right)^{1/4} \\[3mm] n_2 = n_1 \times \left(\dfrac{Q_2}{Q_1}\right)^{1/2} \times \left(\dfrac{P_2}{P_1}\right)^{3/4} \times \left(\dfrac{\rho_1}{\rho_2}\right)^{3/4} \\[3mm] N_2 = N_1 \times \left(\dfrac{Q_1}{Q_2}\right) \times \left(\dfrac{P_2}{P_1}\right)^{1/3} \end{cases}$$

式 (6.6) ~式 (6.10) 中:

SPL ——风机平均声压级, dB;

Q ——风机流量, m³/s;

P ——风机风压, Pa;

N ——风机功率, kW;

D ——风机直径，m；

n ——风机转速，rpm；

ρ ——空气密度，kg/m³。

6.1.4 通风机的噪声频谱

频率为 20Hz~20 000Hz 范围内的可闻声称为声波，为便于测量，通常将其划分为若干个频程。在噪声控制及测量中常用的是倍频程和 1/3 倍频程。

6.1.4.1 倍频程

相邻频率之比为 2:1 的频程称为倍频程。其中心频率 f 同频带下限频率 f_1 和上限频率 f_2 关系如下式所示：

$$f = \sqrt{f_1 f_2} = \frac{f_2}{\sqrt{2}} = \sqrt{2} f_1 \tag{6.11}$$

式中：$f_2 = 2f_1$。

IEC 国际电工委员会标准所规定的常用倍频程如表 6.1 所示。

表 6.1 倍频程   （Hz）

IEC 标准	频带号	1	2	3	4	5	6	7	8
	中心频率	63	125	250	500	1 000	2 000	4 000	8 000
	频率范围	45	90	180	355	710	1 400	2 800	5 600	…

6.1.4.2 1/3 倍频程

将一个倍频程分为三段，则每一段频程为原倍频程的 1/3，称为 1/3 倍频程。其中心频率和频率范围如表 6.2 所示。

表 6.2 1/3 倍频程   （Hz）

频率号	1	2	3	4	5	6	7	8	9	10	11	12	13
中心频率	50	63	80	100	125	160	200	250	310	400	500	630	800
频率范围	45	56	71	90	112	140	180	224	280	355	450	560	710
频率号	14	15	16	17	18	19	20	21	22	23	24		
中心频率	1 000	1 250	1 600	2 000	2 500	3 150	4 000	5 000	6 300	8 000	10 000		
频率范围	900	1 120	1 400	1 800	2 240	2 800	3 550	4 500	5 600	7 100	9 000		

通风机的噪声频谱，指声压级或声功率级随着频率（倍频带）的变化关系。为了获得风机噪声级和频谱特性，可采用测量仪器现场测定的方法，也可由下式求得通风机的声功率级 PWL：

$$PWL = PWL_S + 10\lg(QP^2)，\mathrm{dB} \tag{6.12}$$

而通风机各频带声功率级则由下式确定：

$$PWL_i = PWL + \Delta PWL，\mathrm{dB} \tag{6.13}$$

式中：PWL_i——频带声功率级，dB；

ΔPWL——各频带声功率级的修正值，dB。

6.2　轴流对旋风机叶片正常、扭曲流场数值模拟

6.2.1　风机模型建立

本模拟中旋风式轴流风机模型由集流器，一、二级叶轮，扩散器组成。风机轮毂直径200cm，机壳直径390cm，叶片高90cm，页顶间隙5cm。一级叶轮轮毂轴向长度94cm，二级叶轮轮毂轴向长度84cm。一、二级叶片型线是圆弧形曲线（如图6.1），直立型叶片。一级叶轮叶片弦长90cm，叶片安装角36°，叶片数13个。二级叶轮叶片弦长64cm，叶片安装角36°，一、二级叶轮轴间距13cm。

为了使模拟效果明显，对旋风机所有叶片压力面的前缘部分都缠绕杂物，对比图6.2中的圆弧状曲面，从图6.3可看出该风机叶片压力面前缘部分由于污垢堆积而呈平面。叶片扭曲结垢风机除了叶片压力面前缘部分堆积污垢外，其他一切尺寸及条件设置都相同。

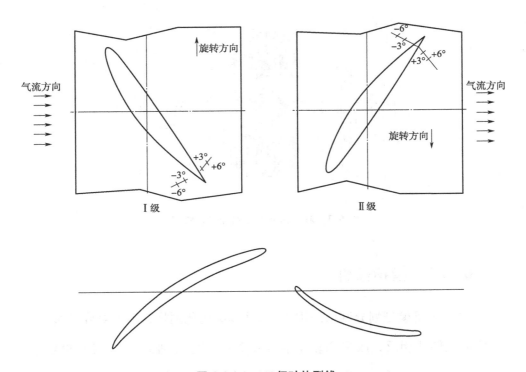

图6.1　一、二级叶片型线

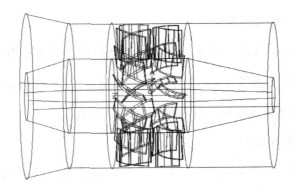

图6.2　对旋风机模型

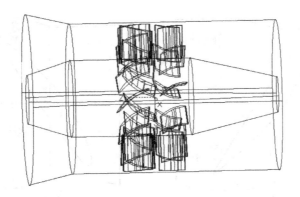

图6.3　叶片扭曲结垢对旋风机模型

6.2.2　模拟条件

（1）风机模型划分网格采用 T-grid 非结构化网格，因为对旋风机一、二级叶轮转速相反，故采用多重参考系 MRF 模型，把一、二级叶轮划分为两个流域，以两个叶轮中气流流域为旋转式参考系，叶轮轮毂和叶片相对参考系静止，机壳相对参考系反向转动。集流器和扩散器分别划为另外两个流域，且保留默认设置。

（2）选用能量方程，因为是非定常流动风流，风流密度有变化。

（3）紊流模型选择 $k-\varepsilon$ 二方程紊流模型，模型选择 standard，近壁处理选择 standard wall functions，其他保持默认设置。

（4）边界条件设置：

①风机入口（即集流器入口）设置为质量入口边界，质量流量为 22.5kg/s；风机出口（即扩散器出口）设置为自由出流边界，没有回流，出流值设置为1；

②一级叶轮流域旋转参考系转速设置为 50rad/s，二级叶轮流域旋转

参考系转速设置为 -50rad/s，转向相反；

③叶轮轮毂和叶片设置为移动壁面边界，移动方式为 raletive to adjacent cell zone 和 rotation，speed 设置为 0rad/s；机壳壁设置为移动壁面边界，移动方式为 absolute 和 rotation，speed 设置为 0rad/s。

6.2.3　模拟结果及分析

空气从连接筒进入，经进气筒、一级风机、二级风机、扩压筒、天圆地方、消声器、扩散塔排出的过程中，过风面积突然变小。在进入一、二级叶轮后，由于风机吸力面的低压产生的压差，风速急速增加，在叶轮出风口处速度达到最大，然后从扩散器流出。

如图 6.4 ~ 图 6.27 所示，通过对轴流对旋风机在叶片正常和扭曲结垢情况下的叶轮表面静压分布、不同等径圆柱面及等值子午面下静压和速度分布的计算机模拟结果对比，可以得出如下结论。

（1）正常情况下风机叶轮旋转，会在叶片内表面形成压力面，气流静压最大，外表面形成吸力面，气流静压最小；另外由于结构对称每个叶片区域会形成基本相同的静压分布。风机正常情况叶片静压分布、速度分布，不同等径圆柱面静压分布，以及叶轮等值子午面的静压分布都体现了上述规律。

（2）从叶片扭曲结垢叶轮表面的静压分布可以看出，叶片扭曲结垢后风机内静压分布不均匀、分布差异大，部分叶片压力面的压力小于或等于吸力面的压力，且第一级叶轮混乱程度比第二级叶轮的大。

（3）从不同等径圆柱面的速度分布，以及一、二级叶轮的不同等值子午面的速度分布可以明显看出，叶片扭曲结垢的风机内速度分布非常混乱，风机的集流器和扩散器风速不正常，为保持风机入口风速，一、二级叶轮区域风速提速很小，叶片扭曲结垢区风速很低，且很多叶片区域速度分布差异很大。

静压分布云图　　　　　　　　　静压分布等值线图

图 6.4　叶轮表面静压分布图（叶片正常）

静压分布云图　　　　　　　　　静压分布等值线图

图 6.5　叶轮表面静压分布图（叶片扭曲结垢）

静压分布云图　　　　　　　　　静压分布等值线图

图 6.6　等径圆柱面 $r = 1.1$m 静压分布图（叶片正常）

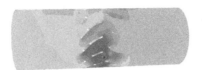

静压分布云图　　　　　　　静压分布等值线图

图 6.7　等径圆柱面 $r=1.1$m 静压分布图（叶片扭曲结垢）

静压分布云图　　　　　　　静压分布等值线图

图 6.8　等径圆柱面 $r=1.3$m 静压分布图（叶片正常）

静压分布云图　　　　　　　静压分布等值线图

图 6.9　等径圆柱面 $r=1.3$m 静压分布图（叶片扭曲结垢）

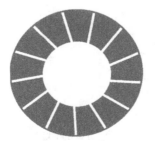

静压分布云图　　　　　　　静压分布等值线图

图 6.10　等值子午面 $x=-0.4$m（一级叶轮）静压分布图（叶片正常）

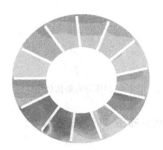

静压分布云图 静压分布等值线图

图 6.11 等值子午面 $x = -0.4\text{m}$（一级叶轮）静压分布图（叶片扭曲结垢）

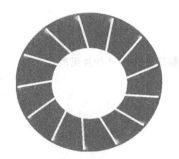

静压分布云图 静压分布等值线图

图 6.12 等值子午面 $x = -0.2\text{m}$（一级叶轮）静压分布图（叶片正常）

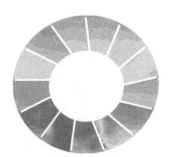

静压分布云图 静压分布等值线图

图 6.13 等值子午面 $x = -0.2\text{m}$（一级叶轮）静压分布图（叶片扭曲结垢）

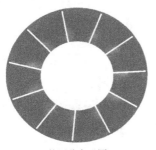

静压分布云图　　　　　　　　　　静压分布等值线图

图 6.14　等值子午面 $x = 0.2m$（二级叶轮）静压分布图（叶片正常）

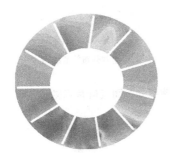

静压分布云图　　　　　　　　　　静压分布等值线图

图 6.15　等值子午面 $x = 0.2m$（二级叶轮）静压分布图（叶片扭曲结垢）

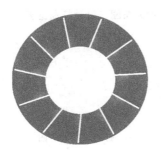

静压分布云图　　　　　　　　　　静压分布等值线图

图 6.16　等值子午面 $x = 0.3m$（二级叶轮）静压分布图（叶片正常）

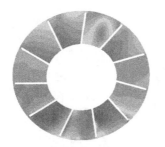 

静压分布云图　　　　　　　　　　静压分布等值线图

图 6.17　等值子午面 $x = 0.3m$（二级叶轮）静压分布图（叶片扭曲结垢）

速度分布云图　　　　　　　　　　速度分布等值线图

图 6.18　等径圆柱面 $r = 1.3m$ 速度分布图（叶片正常）

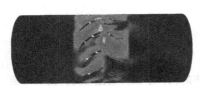 

速度分布云图　　　　　　　　　　速度分布等值线图

图 6.19　等径圆柱面 $r = 1.3m$ 速度分布图（叶片扭曲结垢）

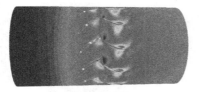 

速度分布云图　　　　　　　　　　速度分布等值线图

图 6.20　等径圆柱面 $r = 1.5m$ 速度分布图（叶片正常）

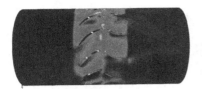

速度分布云图 　　　　　　　　　　速度分布等值线图

图 6.21　等径圆柱面 $r = 1.5m$ 速度分布图（叶片扭曲结垢）

速度分布云图 　　　　　　　　　　速度分布等值线图

图 6.22　等径圆柱面 $r = 1.7m$ 速度分布图（叶片正常）

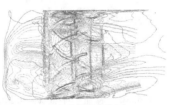

速度分布云图 　　　　　　　　　　速度分布等值线图

图 6.23　等径圆柱面 $r = 1.7m$ 速度分布图（叶片扭曲结垢）

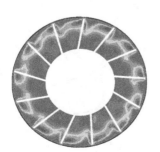

速度分布云图 　　　　　　　　　　速度分布等值线图

图 6.24　等值子午面 $x = -0.2m$（一级叶轮）速度云图（叶片正常）

速度分布云图　　　　　　　　　　速度分布等值线图

图 6.25　等值子午面 $x = -0.2\text{m}$（一级叶轮）速度云图（叶片扭曲结垢）

 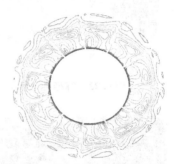

速度分布云图　　　　　　　　　　速度分布等值线图

图 6.26　等值子午面 $x = 0.2\text{m}$（二级叶轮）速度云图（叶片正常）

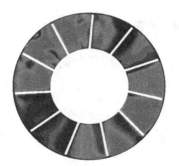 

速度分布云图　　　　　　　　　　速度分布等值线图

图 6.27　等值子午面 $x = 0.2\text{m}$（二级叶轮）速度云图（叶片扭曲结垢）

6.3　离心式风机叶片正常、扭曲流场数值模拟

6.3.1　风机模型建立

本模拟设置离心风机叶轮进出口半径分别为0.5m和1.1m，叶片进口和出口安放角分别为20°和30°，蜗壳隔舌角为35°，叶轮宽0.8m，叶轮旋转角速度30rad/s。

由于离心机叶轮高速旋转，叶片对空气做功，受力较大，且越靠近叶轮出口位置的叶片受力最大，因此可能导致叶轮叶片发生变形，甚至导致叶片损坏，进而会对离心风机性能产生影响。本模拟的目的在于研究离心机叶片变形或损坏对风机性能的具体影响，因为离心风机各纵截面风流流动基本相同，故可采用风机二维模型进行模拟（如图6.28、图6.29所示）。

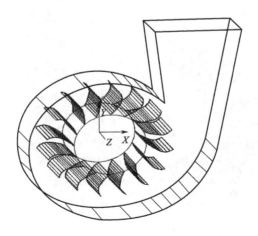

图6.28　离心式风机3D模型

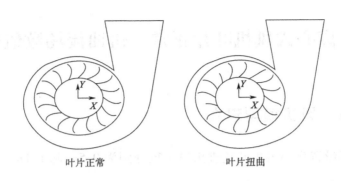

叶片正常   叶片扭曲

图 6.29　离心风机 2D 模型

6.3.2　模拟条件

（1）网格元素采用三角单位，划分方式为 pave 非结构网格，指定蜗壳区域网格间隔 4，叶轮区域为 3.5，如图 6.30 所示。

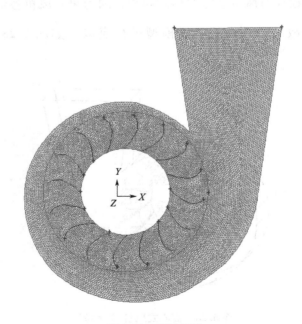

图 6.30　网格划分

（2）采用多重参考系 MRF 模型，把叶轮和蜗壳划分为两个流域，以叶轮中气流流域为旋转式参考系，叶轮轮毂和叶片相对参考系静止。

（3）选用能量方程，因为是非定常流动风流，风流密度有变化。

（4）紊流模型选择 $k-\varepsilon$ 二方程紊流模型，模型选择 standard，近壁处理选择 standard wall functions，其他保持默认设置。

（5）边界条件设置：

①叶轮入口设置为速度入口边界，速度为 5m/s；

②风机出口（即扩散器出口）设置为自由出流边界，没有回流，出流值设置为 1；

③叶轮流域旋转参考系转速设置为 30rad/s，叶片设置为移动壁面边界，移动方式为 raletive to adjacent cell zone 和 rotation，speed 设置为 0 rad/s；蜗壳流域设置和蜗壳壁面边界设置为默认。

6.3.3　模拟结果及分析

离心风机叶片变形或损坏后，对风机内部流场均匀性和对称性、做功能力以及风机性能会产生不利影响，而风机性能的降低进而会对井下通风系统的稳定性、可靠性造成不利影响。通过对离心式风机叶片在正常及扭曲情况下内部流场的模拟，可得到离心式风机叶片在正常及扭曲情况下静压分布图、全压分布图、速度分布图、速度矢量图和湍流强度分布图，如图 6.31～图 6.42 所示。通过对比两种情况下的模拟结果，可以得出如下结论。

（1）离心式风机模型的 continuity 和 epsilon 值虽然没有降到 10^{-3} 以下，但从收敛曲线可以看到，两个模型的数值收敛曲线已经趋于稳定，且在 Fluent 中显示入口流量相等，这说明模型是收敛的。

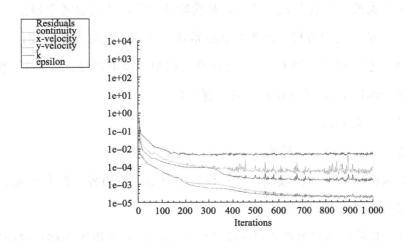

图 6.31 风机叶片正常模型收敛图

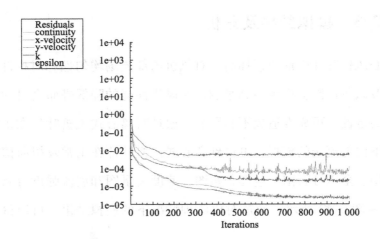

图 6.32 风机叶片扭曲模型收敛图

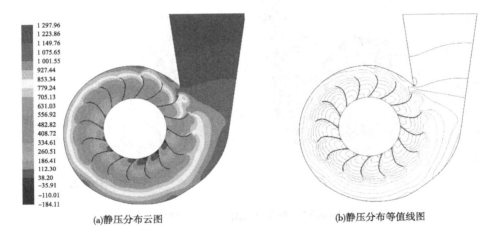

(a)静压分布云图　　　　　　　　　　(b)静压分布等值线图

图 6.33　静压分布图（叶片正常）

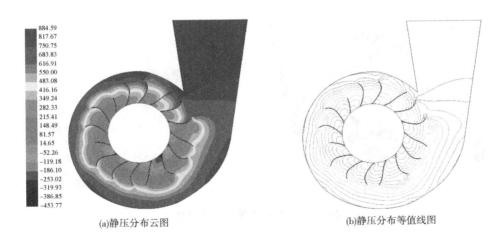

(a)静压分布云图　　　　　　　　　　(b)静压分布等值线图

图 6.34　静压分布图（叶片扭曲）

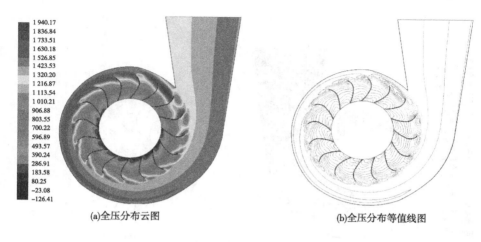

(a)全压分布云图　　　　　　　　　　(b)全压分布等值线图

图 6.35　全压分布图（叶片正常）

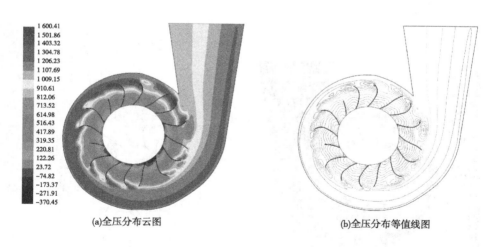

(a)全压分布云图　　　　　　　　　　(b)全压分布等值线图

图 6.36　全压分布图（叶片扭曲）

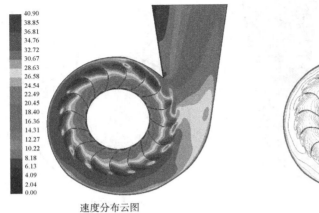

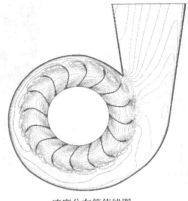

速度分布云图   速度分布等值线图

图 6.37 速度分布图（叶片正常）

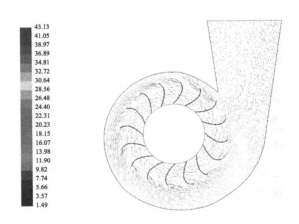

图 6.38 速度矢量图（叶片正常）

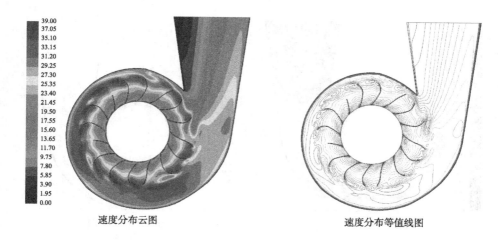

速度分布云图　　　　　　　　　速度分布等值线图

图 6.39　速度分布图（叶片扭曲）

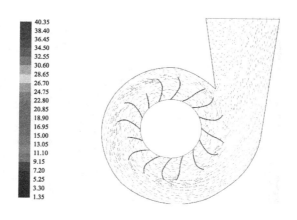

图 6.40　速度矢量图（叶片扭曲）

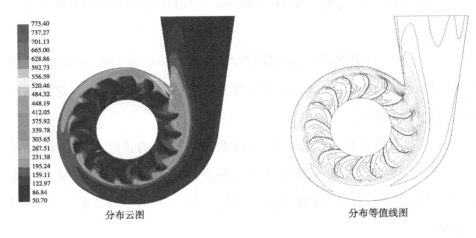

773.40
737.27
701.13
665.00
628.86
592.73
556.59
520.46
484.32
448.19
412.05
375.92
339.78
303.65
267.51
231.38
195.24
159.11
122.97
86.84
50.70

分布云图　　　　　　　　　　　　　分布等值线图

图6.41　湍流强度分布图（叶片正常）

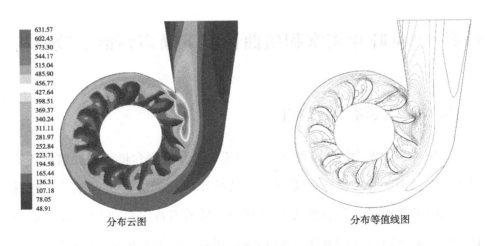

631.57
602.43
573.30
544.17
515.04
485.90
456.77
427.64
398.51
369.37
340.24
311.11
281.97
252.84
223.71
194.58
165.44
136.31
107.18
78.05
48.91

分布云图　　　　　　　　　　　　　分布等值线图

图6.42　湍流强度分布图（叶片扭曲）

（2）从叶片正常和叶片扭曲模型静压对比图可以看出叶片扭曲后离心风机内部在靠近叶轮进口处的环形区域流场静压的均匀性和对称性变化比较明显。

（3）从叶片正常和叶片扭曲模型全压对比图可以看出离心风机叶片扭曲或损坏后叶片前缘全压减小，叶片对气体做功能力大幅降低，进而导致风机性能大幅下降。

（4）对比分析叶片正常和叶片扭曲两种模型的速度分布图可以看出叶片扭曲后，离心风机叶轮出口至蜗壳的环形流域速度分布对称性和稳定性明显降低，导致叶片前缘处局部风流混乱，进而影响整个蜗壳流域。

（5）由两种模型湍流强度分布图可看出叶片扭曲和损坏后，该叶片前缘周边流域湍流强度激增，这将导致风机能耗增大、性能降低。

6.4　风机叶片正常和扭曲情况下噪声频谱实验分析

6.4.1　实验平台简介

利用"矿山安全智能监测演示仿真系统"实验平台能够在线监测各巷道风流、风压、漏风及风机工况，风机叶片角度能够自由调整、方便拆卸，风网风阻通过控制台能够自动调整，并具有配套软件进行计算机仿真，实验平台如图 6.43 ~ 图 6.50 所示。风机参数见表 6.3、表 6.4。

图 6.43 "矿井通风仿真模拟系统"装置控制台

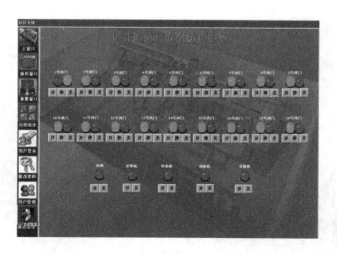

图 6.44 "矿井通风仿真模拟系统"操作界面

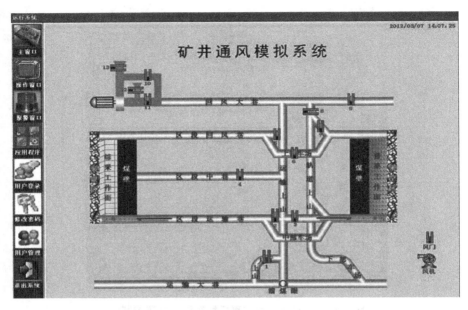

图 6.45 "矿井通风仿真模拟系统"实验平台操作界面

图 6.46 矿井通风仿真模拟系统

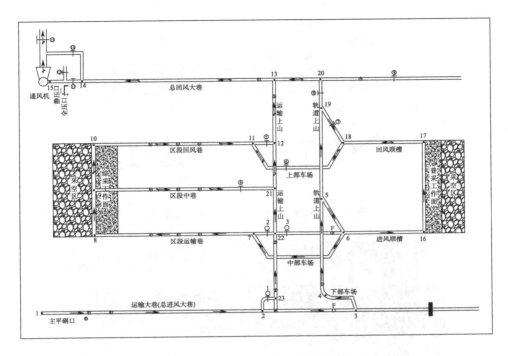

图 6.47 "矿井通风仿真模拟系统"通风系统图

图 6.48 离心机实验台装置实物图

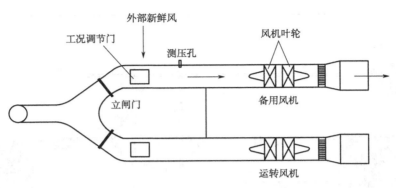

图 6.49 轴流对旋风机实验台装置示意图

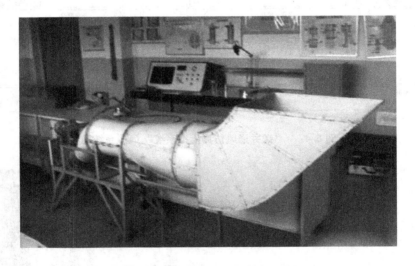

图 6.50 轴流对旋风机实验台装置实物图

表 6.3 轴流对旋风机参数表

三相异步电动机		
型号：A02 - 8022	功率：1.1kW	转速：2 800r/min
电流：4.24/2.44A	电压：220/380V	功率因数：0.80
绝缘：E 级	能效等级：3 级	频率：50Hz

轴流对旋风机				
机号	转速（r/min）	风量（m³/h）	全压（Pa）	功率（kW）	叶片角度°
无	2 800	1 200	600	1	35/35

表6.4 离心风机参数表

三相异步电动机		
型号：Y132S－2	功率：7.5kW	转速：2 900r/min
电流：14.9A	电压：380V	功率因数：0.88
效率：87%	防护等级：IP44	噪声：78dB（A）
绝缘：B 级	能效等级：3 级	频率：50Hz
离心式通风机				
机号	转速（r/min）	风量（m³/h）	全压（Pa）	功率（kW）	重量（kg）
4－72No4.5A	2 900	9 790	2 412	3	196

风机性能测定常用增阻调节方式，本章利用"矿井安全与仿真实验系统"在风硐处逐步减小调节风门（节点号11）的过风面积，就可改变风机的运行工况。

6.4.2 测定方案与实验仪器

通过测定风机气动噪声特征频谱、电机功率、风机性能等参数，以分析研究风机性能变化时的运行特征。首先打开风门11、13，关闭风门10、12，然后逐步减小风门11的开度，获得不同开度时风机工况和噪声频谱，如图6.43、图6.45、图6.47所示。

6.4.2.1 噪声测量

按照风机噪声测量标准 GB/T88—2008，场所应尽量选用除地面外无反射条件的场所，且应使测量的风机处于运转状态。风机噪声与风机性能试验同时、同步进行，实时记录风机各工况点下的噪声频谱。

所采用Solo噪声频谱分析仪可用于对各种场所噪声进行频谱分析，其频率范围为12.5Hz～20 kHz，分高、中、低三档，可按设定时间对噪声频谱进行自动测量，测量结果通过USB接口导入计算机进行自动分析。测定仪器如图6.51所示。

图 6.51　Solo 噪声频谱分析仪

6.4.2.2　大气参数测量

为了研究风机性能所需测定的参数有外界和风机内部大气压、相对压力、干湿温度、相对湿度 φ，相对压力等，特选用的仪器为 CH3T 矿用本安型通风参数测定仪（以下简称测定仪）。该仪器采用当今最新计算机发展技术和通信技术研究成果，设计和生产的高集成、低功耗、高智能、多功能的便携式测定仪，用于测量煤矿井下甲烷和煤尘爆炸性气体环境中的绝对压力、相对压力、温度、相对湿度和时间，同时对所测数据进行保存和处理，其存储容量大、时间长、断电后数据不丢失，为矿井科学管理、矿井风网优化提供有效的管理和测量手段，所用仪器如图 6.52 所示。

图 6.52　CH3T 矿用本安型通风参数测定仪

6.4.2.3　电参数测量

为了研究风机效率所需测定电参数主要有电压、电流、功率因数。本次测定选用仪表为 DJYC 型电动机经济运行测试仪。仪器外形及接线方法分别如图 6.53、图 6.54、图 6.55 所示。

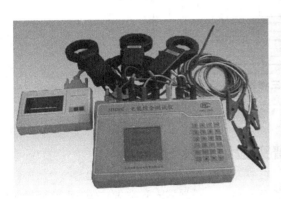

图 6.53　DJYC 电动机经济运行测试仪

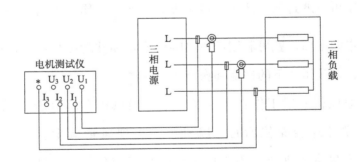

图 6.54　三相三线电路二瓦特计法

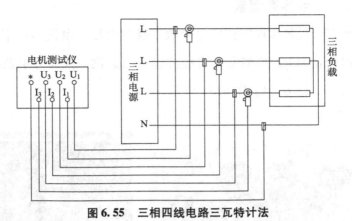

图 6.55　三相四线电路三瓦特计法

注：Ⅲ电压输入夹，＊电压参考电位点，电流互感器。

6.4.3　风机噪声频谱实验结果及分析

通风机噪声的影响因素是多方面的，一般情况下主要考虑风机转速和叶片数，即确定通风机的基本频率 f_c，由于不同类型风机转速 n 及叶片数 z 是不同的，因此决定了不同类型风机具有不同的噪声基本频率。风机噪声基本频率可以通过实验测定，也可由式 $f_c = \dfrac{nz}{60}$（Hz）计算确定。确定风机噪声基本频率后，就可利用通风机噪声法则和性能法则对风机在不同转速、流量，以及压力下的性能和噪声进行计算。

主要通风机一般工作在额定状态下。当风机在高负压工况下运行、叶片变形或叶片表面积垢时，风机可能出现风量减少、功率不稳定、振动及噪音异常等现象。为掌握风机的性能变化规律，通过大量实验，可获得风机特性曲线及 1/3 倍频程噪声频谱，如图 6.56～图 6.61 所示。

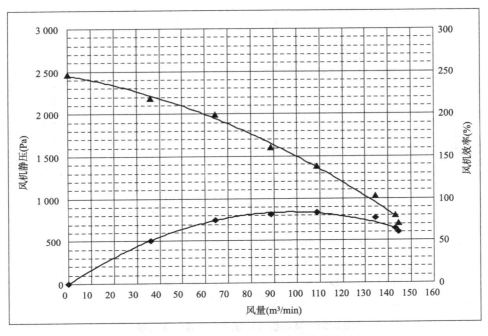

图 6.56 离心机正常运转时装置性能曲线

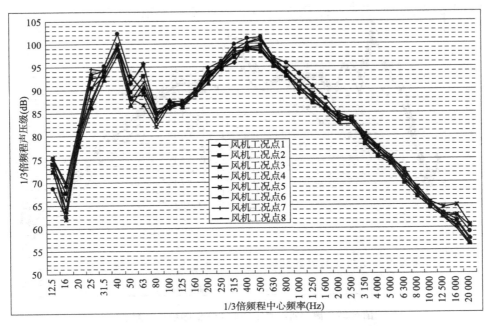

图 6.57 离心机正常运转时 1/3 倍频程噪声频谱

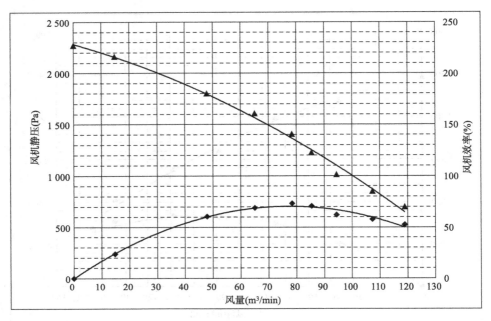

图 6.58　离心机叶片扭曲时装置性能曲线

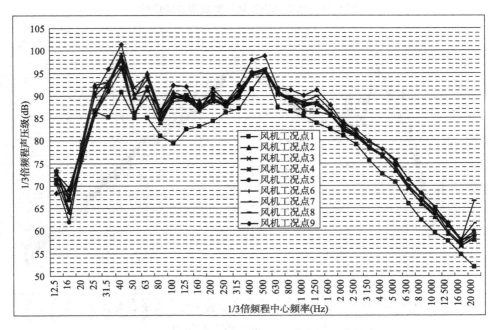

图 6.59　离心机叶片扭曲时 1/3 倍频程噪声频谱

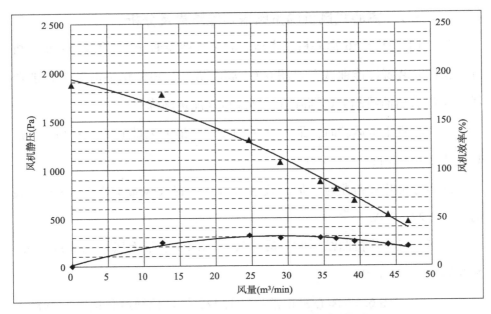

图 6.60　离心机叶片扭曲结垢时装置性能曲线

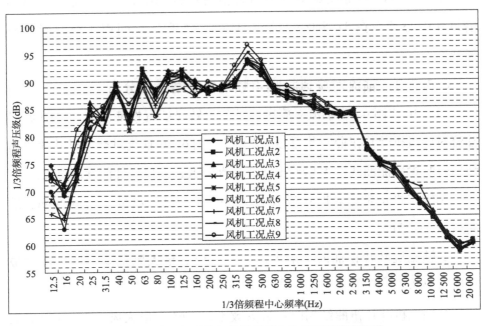

图 6.61　离心机叶片扭曲结垢时 1/3 倍频程噪声频谱

6.4.3.1　离心式风机噪声频谱实验结果及分析

（1）由"图6.56 离心机正常运转时装置性能曲线""图6.58 离心机叶片扭曲时装置性能曲线""图6.60 离心机叶片扭曲结垢时装置性能曲线"可以看出曲线趋势逐渐降低，即风机性能逐渐降低。

①离心机正常运转时：最大效率83.5%、最大风量144.4 m^3/min、最高风压2 464.0 Pa。

②离心机叶片扭曲时：最大效率73.2%、最大风量118.9m^3/min、最高风压2 271.0 Pa。

③离心机叶片扭曲结垢时：最大效率31.4%、最大风量46.7m^3/min、最高风压1 871.0 Pa。

（2）以"图6.57 离心机正常运转时1/3 倍频程噪声频谱"为标准可以看出，在图6.59 和图6.61 风机叶片扭曲变形，以及叶片缠绕杂物时1/3 倍频程中心频率在31.5Hz～50Hz、315Hz～630Hz 之间声压级波峰明显降低。

6.4.3.2　轴流对旋风机噪声频谱实验结果及分析

（1）由"图6.62 轴流对旋风机正常运转时装置性能曲线""图6.64 轴流对旋风机叶片扭曲时装置性能曲线""图6.66 轴流对旋风机叶片扭曲结垢时装置性能曲线"可以看出曲线逐渐降低，即风机性能逐渐降低。

①轴流机正常运转时：最大效率66.6%、最大风量25.6m^3/min、最高风压584.5Pa。

②轴流机叶片扭曲时：最大效率57.3%、最大风量20.1m^3/min、最高风压398.3Pa。

③轴流机叶片扭曲结垢时：最大效率52.0%、最大风量19.2m^3/min、最高风压342.4Pa。

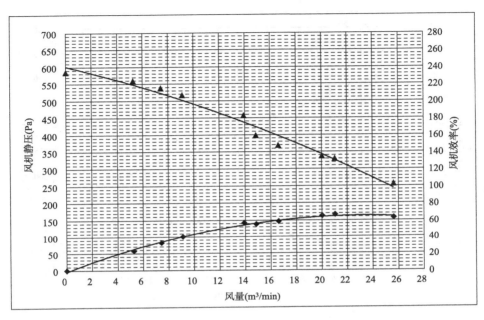

图 6.62 轴流对旋风机正常运转时装置性能曲线

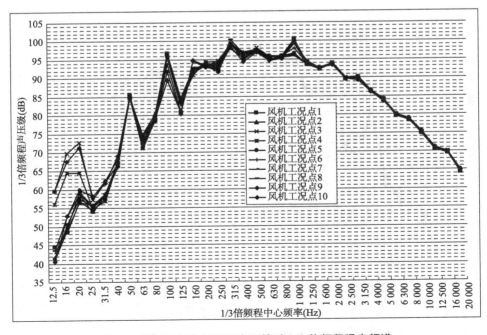

图 6.63 轴流对旋风机正常运转时 1/3 倍频程噪声频谱

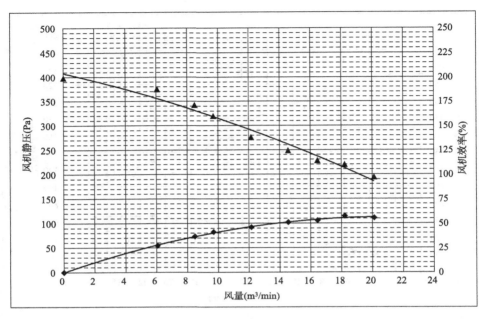

图6.64 轴流对旋风机叶片扭曲时装置性能曲线

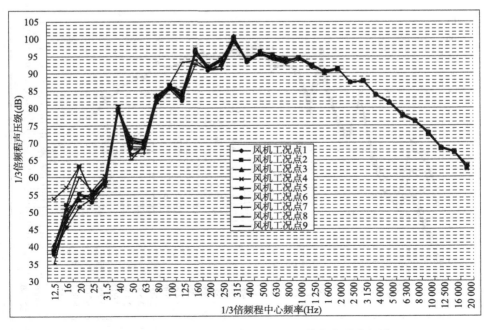

图6.65 轴流对旋风机叶片扭曲时1/3倍频程噪声频谱

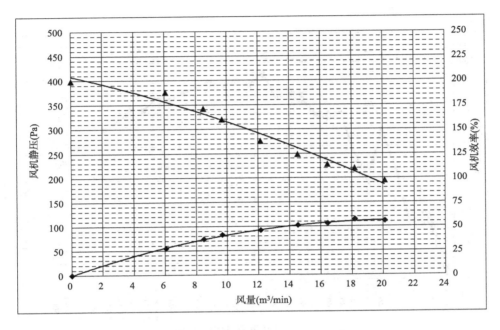

图 6.66 轴流对旋风机叶片扭曲结垢时装置性能曲线

（2）以"图 6.63 轴流对旋风机正常运转时 1/3 倍频程噪声频谱"为标准可以看出，在图 6.65 和图 6.67 风机叶片扭曲变形，以及叶片缠绕杂物时 1/3 倍频程中心频率在 80 Hz ~ 125 Hz、800 Hz ~ 1 250 Hz 之间声压级波峰明显降低。

6.5 现场风机噪声频谱实验

6.5.1 实验条件

城郊煤矿采用混合式抽出通风方式，共有东风井、西风井、北风井三个回风井，由于受到现场测试条件限制，本实验仅对东风井所安装的 FBCDZ -

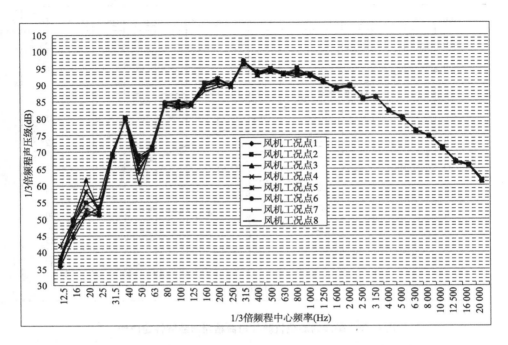

图 6.67 轴流对旋风机叶片扭曲结垢时 1/3 倍频程噪声频谱

№30/2×560（A）型风机噪声频谱进行测试。现场风机无法对风机叶片进行扭曲变形，为此本实验采用调整电流频率的方式来改变风机的性能。

图 6.68 主要通风机现场实物图

表 6.5   轴流对旋风机参数表

三相异步电动机		
型号：YBF630M1 – 8	功率：560kW	转速：720r/min
电流：71.2A	电压：6 000V	功率因数：0.85
绝缘：F 级	能效等级：无	频率：30Hz ~ 50Hz
轴流对旋风机					

机号	转速（r/min）	风量（m³/s）	全压（Pa）	功率（kW）	叶片角度°
FBCDZ – №30/2	720	70 ~ 250	400 ~ 5 400	560 × 2	0/0

6.5.2   实验方案

（1）测定采用地面风流短路法，即 1# 工作风机作为进风口，对 2# 备用风机性能进行测定。如"图 6.69 东风井风机性能测定示意图"所示，测定时风流从 1# 风机进入风硐，经 2# 风机后由其扩散器排入地面大气中。

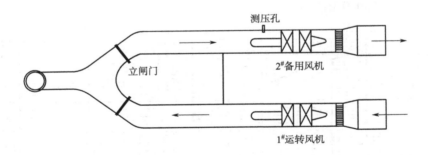

测压孔

立闸门

2# 备用风机

1# 运转风机

图 6.69   东风井风机性能测定示意图

（2）采用增阻法进行性能测定，即在全开状态下启动风机，逐渐按需下放立闸门改变进风口面积，直至进风量最小。

（3）在测压孔处插入皮托管、1# 风机进口处安设干湿温度计，测取各工况点的静压、全压及干湿温度，以计算风机风量、风压及空气密度等

复杂矿井通风系统稳定性研究

参数。

（4）由矿方电工配合测试方在风机配电柜接入电动机经济运行测试仪测取各工况点电压、电流和功率因数，以换算总输入功率。

（5）在通风机扩散器出口处测取各工况点的风机噪声，以进行频谱分析。

6.5.3　现场轴流对旋风机噪声频谱实验结果及分析

（1）由"图6.70 轴流对旋风机正常运转时装置性能曲线""图6.72 轴流对旋风机性能降低时装置性能曲线（40Hz）""图6.74 轴流对旋风机性能降低时装置性能曲线（30Hz）"可以看出曲线逐渐降低，即风机性能逐渐降低。

①轴流机正常运转时：最大效率86.3%、最大风量12 258.0 m³/min、最高风压4 530.0 Pa。

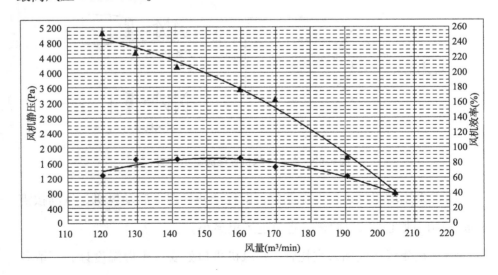

图6.70　轴流对旋风机正常运转时装置性能曲线

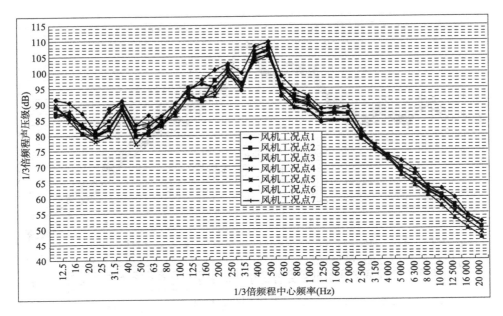

图 6.71　轴流对旋风机正常运转时 1/3 倍频程噪声频谱

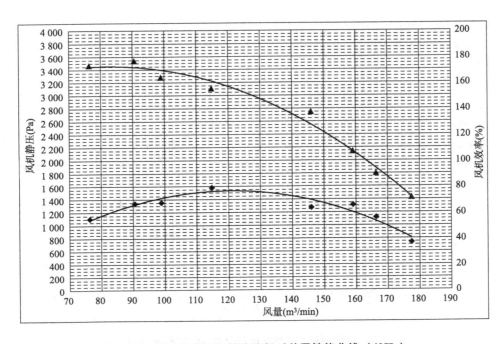

图 6.72　轴流对旋风机性能降低时装置性能曲线 （40Hz）

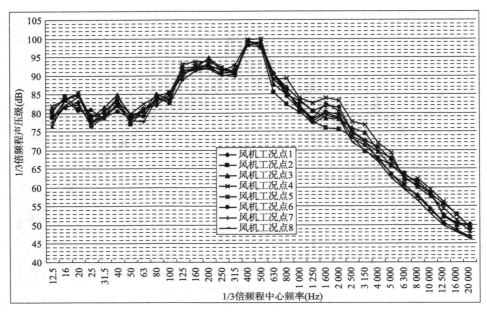

图 6.73　轴流对旋风机性能降低时 1/3 倍频程噪声频谱（40Hz）

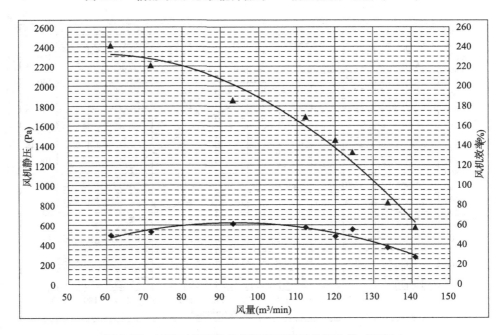

图 6.74　轴流对旋风机性能降低时装置性能曲线（30Hz）

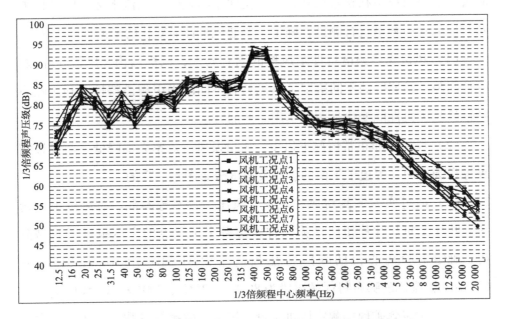

图 6.75　轴流对旋风机性能降低时 1/3 倍频程噪声频谱（30Hz）

②轴流机 40Hz 运转时：最大效率 79.0%、最大风量 10 646.1m³/min、最高风压 3 540.0Pa。

③轴流机 30Hz 运转时：最大效率 61.0%、最大风量 8 457.7m³/min、最高风压 2 410.0Pa。

（2）以"图 6.71 轴流对旋风机正常运转时 1/3 倍频程噪声频谱"为标准可以看出，在"图 6.73 轴流对旋风机性能降低时 1/3 倍频程噪声频谱（40Hz）""图 6.74 轴流对旋风机性能降低时装置性能曲线（30Hz）"中 1/3 倍频程中心频率在 315Hz～630Hz 之间声压级波峰明显降低。

6.6　本章小结

对主要通风机在不同运转情况下内部流场进行数值模拟，通过实验室和现场实验对风机在正常运转、叶片扭曲结垢及低频电流下运行时的性能及对应的噪声频谱进行测试，确定主要通风机性能变化的早期诊断方法。

（1）风机噪声频谱特性是风机的固有属性，风机结构、风机叶片数、叶顶间隙、转速等的不同决定了风机具有不同的噪声频谱特性，利用噪声频谱诊断风机性能变化是一种实用简便的方法。

（2）风机在非正常情况下风压、风量及风机效率大幅降低，与模拟结果等径圆柱面、等值子午面的静压及速度分布图是一致的。

（3）通过实验室测定风机风量、风压、效率等参数。对风机正常运转、叶片扭曲及叶片扭曲结垢三种状态各个工况点的声压级进行频谱分析，确定实验离心机的噪声特征频谱段为 31.5Hz～50Hz 和 315Hz～630Hz，轴流机的噪声特征频谱段为80Hz～125Hz、800Hz～1 250Hz。

（4）对城郊矿现场测定风机风量、风压、效率等参数。对风机正常运转、40Hz 频率和30Hz 频率运转三种状态各个工况点的声压级进行频谱分析，确定现场轴流机的噪声特征频谱段为315Hz～630Hz。

（5）模拟实验表明，新风机安装后只要用噪声频谱分析仪测定其正常运行时的声压级及频谱，确定该风机的噪声特征频谱段，以后就可随时对风机性能进行跟踪测试，一旦发现噪声特征频谱段的声压级异常就可发现风机故障及时采取措施。

（6）安装在煤矿的通风机在新安装、技术改造前后，更换叶片或电动机时都要进行运行参数测定，此时可方便地对其声压级进行频谱分析，以利于实现风机的早期故障诊断。

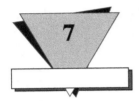

总结

本书在对复杂通风系统稳定性分析基础上，从影响通风系统稳定的风网结构、通风机、外界因素方面逐层深入分析，研究角联巷道、通风设施、阻力分布、罐笼、矿车运行、自然风压、大气压变化以及风机运行状态对通风系统稳定性的影响，结论如下。

（1）建立通风系统稳定性方程，对影响通风系统稳定性的内外部因素进行了分析，包括风网结构、通风机、外界扰动等因素，提出基于敏感度的度量指标及方法；推导出风机联合运行稳定性数学模型，论述了系统风阻与风机性能间的相互影响关系，并对主要通风机工况的敏感度进行了分析。

（2）通过现场实测摸清城郊矿通风系统阻力分布规律及存在的问题，利用一系列优化改造方案的模拟解算发现，城郊矿通风系统内部存在的东风井与北风井系统之间、北风井与西风井系统之间的大角联，以及整个风网的不稳定性单纯利用传统调整通风设施的方法不能完全解决。

（3）由于城郊矿东翼回风有 $1\,100\mathrm{m^3/min}$ 经 "－495 胶带运输石门"流向北风井，十六采区回风经 "－495 西翼胶带运输大巷"分别流向北风井、西风井系统 $1\,000\mathrm{m^3/min}$ 和 $1\,100\mathrm{m^3/min}$，通过一系列改造方案，解决了东、北风井系统之间的角联问题，但由于西、北风井系统 "－495 西翼胶带运输大巷"与 "西北胶带运输石门"之间无煤仓，因此无法对该巷道进行隔断。本书通过网络解算得 "－495 胶带运输石门"之间增设的 "假想风门"两端压差模拟解算结果为 70.8Pa，由于 "－495 胶带运输石门"无法装设调节设施，该 "假想风门"只能通过安装空气幕的方式来实现对风流的隔断。

（4）通过建立单、双机空气幕局部阻力数学模型，利用 Gambit 构建单、双机幕的实体模型进行计算机模拟，得到空气幕阻风静压分布云图和等值线图，确定利用空气幕产生的局部阻力可以达到120Pa，结合角联风路"－495西翼胶带运输大巷"（51－82段）隔断风压的网络解算结果（70.8Pa）及现场单、双机幕安装角度与阻风性能关系实验可以确定所选择的双机空气幕可以隔断该角联风路的风流，使西、北风井系统之间相对独立，保证通风系统的稳定性。

（5）建立矿车活塞风风速及风压数学模型，推导不同情况下的活塞风速及活塞风压的理论计算式。通过对活塞风影响因素进行分析得出的结果表明：巷道内活塞风速同矿车运行速度、阻塞比、矿车长度及阻力系数等因素相关。活塞风速随巷道面积的增大而减小，随着矿车的速度及长度的增大而增大，而矿车匀速运行时巷道内的活塞风速是恒定不变的，矿车前方活塞风压随距车头位置的增大而线性减小。矿车在巷道中运行所产生的活塞风对所在巷道有一定影响，所在巷道压力波动对通风系统的影响随着离矿车距离的增大迅速减小，对于整个矿井来说，某条巷道风流波动一般不会波及整个通风系统。但当矿井通风系统的风流方向与矿车产生的活塞风方向相反时，活塞风的出现减少了该区域的过风量，并且减幅较大，甚至出现局部时段的反风现象，因此矿车运行产生的活塞风对通风系统的影响是局部的。此外由于罐笼一般装设于进风井筒中，从理论上说罐笼运行对井筒风流造成的冲击会波及整个风网，但通过大量实验证实，罐笼运行对井底风流影响一般为几十帕，可认为对通风系统无影响。

（6）通过对巷道矿车运行状态的计算机模拟及典型巷道的测定可以看出，阻力损失主要集中在矿车的正后方（即下风口）和巷道的两帮，以矿车逆风运行时巷道通风阻力最大，矿车顺风运行时通风阻力最小。巷道中无矿车时其阻力是矿车顺风运行时的1.4～2.0倍；巷道中停放矿车时是无矿车时的1.4～1.8倍；矿车逆风运行时是无矿车时的2.8～3.8倍，矿车状态对巷道通风阻力影响较大，但对整个通风系统影响较小。因此，在通风容易时期活塞风对通风系统影响可忽略不计；在通风困难时期其影响不可忽略。在风速高、阻力大的主要通风巷道尽量不要停放或安排矿车运行，这样可大大减小活塞风对系统的影响。

（7）建立了罐笼顺风、逆风运行及交会时的活塞风速、活塞风压数学模型，由模型可知活塞风效应同罐笼外形尺寸、阻塞比、罐笼运行速度及罐笼所处井筒位置、井筒风速、井筒摩擦阻力系数及井筒深度有关；通过计算机模拟罐笼停止和罐笼提升时井筒内静压、风速和湍流强度分布可知，当两罐笼相距较远时，两罐笼产生的活塞风效应基本独立互不影响，罐笼逆风运行时对井筒内气流场影响较大，顺风时影响较小，但总体来看虽然罐笼运行状态对井筒通风阻力有一定影响，但对整个通风系统造成的冲击影响很小，不会对通风系统的稳定性造成影响。

（8）利用"CH3T矿用本安型通风参数测定仪"在多个矿井的提升竖井底多次连续压力检测发现，罐笼从运行至停止这个阶段，井底压力变化曲线非常平缓且压力值很小（压力波动19Pa～77Pa），而大气压波动及自然风风压对系统的冲击最大分别为414Pa，562.3Pa，可以看出罐笼在运行过程中会造成井筒阻力的变化，但对矿井通风系统产生的冲击影响很小，其影响远不如大气压、自然风压变化对通风系统的影响大。

（9）风机噪声频谱特性是风机的固有属性，风机叶片数、叶顶间隙、转速等的不同决定了风机具有不同的噪声频谱特性，利用噪声频谱诊断风机性能变化是一种实用简便的方法。通过对风机正常及非正常状态下的性能进行计算机模拟发现，在风机叶片扭曲结垢或电流频率降低情况下风压、风量及风机效率大幅降低，同模拟结果等径圆柱面、等值子午面的静压及速度分布图是一致的。

（10）利用"矿井通风仿真模拟系统""CH3T 矿用本安型通风参数测定仪""DJYC 电动机经济运行测试仪"和"Solo 噪声频谱分析仪"对风机性能进行测定，得到了风机正常、叶片扭曲时及扭曲结垢时装置性能曲线和各工况点的 1/3 倍频程噪声频谱，通过性能曲线与频谱对比确定实验离心机性能变化诊断的特征频率在 31.5Hz～50Hz、315Hz～630Hz 之间，实验轴流机的特征频率在 80Hz～125Hz 和 800Hz～1 250Hz 之间。通对城郊矿现场测定风机风量、风压、效率等参数，对风机正常运转、40Hz 频率和 30Hz 频率运转三种状态的各个工况点的声压级进行频谱分析，确定现场轴流机的噪声特征频谱段为 315Hz～630Hz。

（11）新风机安装后只要用噪声频谱分析仪测定其正常运行时的噪声频谱，确定该风机的噪声特征频谱段，以后可随时对风机性能进行跟踪测试，一旦发现风机噪声特征频谱段的声压级异常就可确定风机可能出现了异常，即可及时采取措施，防止风机性能变化对通风系统产生不利影响。

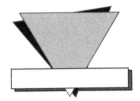

附表

附表A：

表A 系统各段风阻通风力分布一览

(1) 北风井系统四采区 C2405 工作面通风系统测定路线

段别	井巷代号	井巷名称	巷道形状	风量 (m³/min)	长度 (m)	通风力 (Pa)	风阻 (N·s²/m⁸)	百米风阻 (N·s²/m⁸)	各井巷阻力占该系统总阻力百分比(%)	各段别阻力占该系统总阻力百分比(%)
进风段	1-2	副斜井	圆形	11 000.0	529.6	246.6	0.007 336	0.001 385	9.0	21.7%
	2-3	井底车场	半圆拱	5 159.9	92.0	78.0	0.010 552	0.011 472	2.9	
	3-4	-495 轨道运输石门	半圆拱	7 169.0	285.8	58.0	0.004 062	0.001 421	2.1	
	4-32	-495 轨道运输石门	半圆拱	2 933.0	970.3	210.5	0.088 109	0.009 080	7.7	
用风段	32-33	-495 北翼轨道大巷	半圆拱	2 164.2	428.0	34.0	0.026 147	0.006 109	1.2	69.1%
	33-33'	-495 北翼轨道大巷	半圆拱	2 018.2	361.3	52.8	0.046 657	0.012 913	1.9	
	33'-34	-495 北翼轨道大巷	半圆拱	1 984.9	214.6	30.3	0.027 716	0.012 913	1.1	
	34-36	四采区轨道下山	三心拱	1 951.7	823.9	443.8	0.419 471	0.050 915	16.2	
	36-37	C2405 面	矩形	925.9	1 336.8	38.1	0.160 146	0.011 980	1.4	
	37-38	四采区胶带下山	矩形	1 032.3	822.3	1 114.0	3.763 163	0.457 628	40.7	
	38-39	-495 北翼运输大巷	半圆拱	1 692.0	637.7	166.8	0.209 787	0.032 900	6.1	
	39-40	1# 回风巷	半圆拱	3 087.0	35.1	8.8	0.003 327	0.009 480	0.3	
回风段	40-41	1# 回风巷	半圆拱	3 207.0	247.0	66.9	0.023 416	0.009 480	2.4	9.2%
	41-42	北风井井筒	圆形	6 323.0	424.6	185.7	0.016 724	0.003 938	6.8	

$L=7\,209.0\text{m} \quad h=2\,734.5\text{Pa} \quad h_n=316.4\text{Pa}$

续表

(2) 东风井系统七采区 2703 工作面通风系统测定路线

段别	井巷代号	井巷名称	巷道形状	风量 (m³/min)	长度 (m)	通风阻力 (Pa)	风阻 (N·s²/m⁸)	百米风阻 (N·s²/m⁸)	各井巷阻力占该系统总阻力百分比 (%)	各段别占该系统总阻力百分比 (%)
进风段	1－2	副斜井	圆形	11 000.0	529.6	246.6	0.007 336	0.001 385	7.8	30.1%
	2－3	井底车场	半圆拱	5 191.6	92.0	78.0	0.010 424	0.011 333	2.5	
	3－4	-495 轨道运输石门	半圆拱	7 169.0	285.8	58.0	0.004 062	0.001 421	1.8	
	4－5	南翼轨道石门	半圆拱	3 658.9	656.7	289.9	0.077 951	0.011 871	9.2	
	5－6	南翼轨道石门	半圆拱	3 458.2	1 579.6	227.6	0.068 505	0.004 337	7.2	
	6－7	南翼轨道暗斜井上部车场	半圆拱	3 300.0	135.8	7.9	0.002 615	0.001 926	0.3	
	7－8	南翼行人暗斜井	半圆拱	1 343.0	1 159.7	39.7	0.079 291	0.006 837	1.3	
	8－9	二水平东翼轨道巷	半圆拱	1 298.5	705.5	48.6	0.103 859	0.014 722	1.5	
	9－10	2703 面/2704 面进风	半圆拱	1 700.8	155.1	25.6	0.031 849	0.020 533	0.8	
用风段	10－12	2703 面	矩形	786.0	1 964.3	94.2	0.548 668	0.027 932	3.0	43.0%
	12－13	东翼胶带暗斜井	半圆拱	2 145.0	878.1	233.7	0.182 838	0.020 822	7.4	
	13－16	东翼胶带暗斜井	半圆拱	3 655.0	1 095.9	951.2	0.256 320	0.023 389	30.3	
	16－17	东南翼胶带运输下山	半圆拱	4 580.0	445.3	289.0	0.049 601	0.011 138	9.2	
回风段	17－18	东风井回风石门	半圆拱	7 295.0	71.7	94.0	0.006 359	0.008 868	3.0	26.8%
	18－19	东风井回风石门	半圆拱	7 586.0	411.1	170.9	0.010 691	0.002 601	5.4	
	19－20	东风井井筒	圆形	7 680.0	494.6	288.8	0.017 629	0.003 564	9.2	

$L = 10\ 660.8\,\text{m}$　$h = 3\ 143.6\,\text{Pa}$　$h_n = 465.5\,\text{Pa}$

(3) 西风井系统十二采区21402工作面通风系统测定路线

段别	井巷代号	井巷名称	巷道形状	风量(m³/min)	长度(m)	通风阻力(Pa)	风阻(N·s²/m⁸)	百米风阻(N·s²/m⁸)	各井巷阻力占该系统总阻力百分比(%)	各段别占该系统总阻力百分比(%)
进风段	52－53	西进风井井筒	圆形	10 124.0	512.5	252.5	0.008 869	0.001 731	9.7	13.4%
	53－54	东进风石门	半圆拱	5 239.9	129.8	61.7	0.008 087	0.006 229	2.4	
	54－55	西北轨道运输石门	三心拱	4 563.7	170.6	34.5	0.005 964	0.003 497	1.3	
	55－56	西北轨道运输石门	三心拱	4 241.5	2 084.2	316.0	0.063 230	0.003 034	12.1	
	56－57	西北轨道运输石门	三心拱	4 141.5	67.3	109.6	0.023 001	0.034 172	4.2	
	57－58	西北轨道运输石门	三心拱	3 418.2	130.8	50.9	0.015 681	0.011 987	2.0	
	58－59	西北轨道上山	半圆拱	3 382.6	297.7	16.8	0.005 299	0.001 780	0.6	
	59－60	西北轨道巷	半圆拱	2 077.8	296.3	42.0	0.035 039	0.011 827	1.6	
用风段	60－61	21 402面	半圆拱	950.5	5 087.4	51.6	0.205 451	0.004 038	2.0	70.8%
	61－105	西北胶带巷	矩形	1 669.0	581.8	89.0	0.115 079	0.019 779	3.4	
	105－106	西北末部联巷	半圆拱	2 114.3	58.3	22.7	0.018 244	0.031 320	0.9	
	106－62	西北出煤联巷	半圆拱	3 840.3	79.3	101.7	0.024 821	0.031 320	3.9	
	62－63	西北胶带运输石门	半圆拱	3 964.5	184.3	77.8	0.017 817	0.009 670	3.0	
	63－64	西北胶带运输石门	三心拱	4 234.5	179.9	330.5	0.066 358	0.036 882	12.7	
	64－65	西北胶带运输石门	三心拱	4 591.3	2 077.6	551.8	0.094 230	0.004 536	21.2	
回风段	65－66	西翼回风石门	三心拱	7 294.4	128.5	83.7	0.005 665	0.004 408	3.2	15.8%
	66－67	西翼回风石门	三心拱	7 434.4	46.4	252.5	0.016 445	0.035 466	9.7	
	67－68	西风井井筒	圆形	8 931.0	499.5	158.6	0.007 158	0.001 433	6.1	

$L = 12\ 612.1\text{m}$ $h = 2\ 603.8\text{Pa}$ $h_n = 281.3\text{Pa}$

附表 B：

附表 B　矿井采掘配风基本标准及需风量汇总表（2013 年 10 月—2014 年 1 月）

采区名称	采掘布局（用风地点）		各用风地点 需风量（m³/min）
(1) 东风井系统（总需风量：5 280 × 1.2 = 6 336m³/min）			
七采区	综掘工作面	2704 胶带顺槽反掘	400
	联巷	二水平东翼 1# 联巷	70
	综掘工作面	2704 胶带顺槽	400
九采区	采煤工作面	2902 工作面	1 000
	联巷	2902 胶带顺槽车场	70
五采区	采煤工作面	2505 工作面	1000
一采区扩大采区	综掘工作面	K2101 轨道顺槽车场	400
二水平开拓 工作面	综掘工作面	K2101 轨道顺槽	400
	开拓工作面	二水平南翼轨道大巷	350
	开拓工作面	二水平南翼回风绕道	350
其他地点	硐室	东翼火药库	100
	硐室	东翼充电硐室	120
	硐室	东南翼 1# 变电所	100
	硐室	东风井底变电所	160
	硐室	东翼暗斜井中部变电所	90
	硐室	二水平东翼泵房变电所	180
	硐室	南翼 1# 变电所	90
(2) 北风井系统（总需风量：6 220 × 1.2 = 7 464m³/min）			
四采区	采煤工作面	C2401 工作面	700
	硐室	C2401 轨道顺槽机头硐室	100
	联巷	2401 轨道顺槽车场	70
八采区	采煤工作面	2805 工作面	1 000
	硐室	八采区胶带机尾硐室	90
	硐室	2801 轨顺机头硐室	90

采区名称	采掘布局（用风地点）		各用风地点需风量（m³/min）
（1）东风井系统（总需风量：5 280×1.2＝6 336m³/min）			
十采区	综掘工作面	十采区辅助胶带巷	400
	硐室	十采区泵房配电硐室	100
	硐室	十采区绞车房	90
	联巷	十采区辅助轨道巷	260
	联巷	十采区辅助1#联巷	70
	联巷	十采区胶带巷末段	70
	综掘工作面	21005 胶带顺槽	400
十六采区	综掘工作面	十六采区泄水巷里段	400
	采煤工作面	21602 工作面	800
	综掘工作面	21604 轨道顺槽	400
	联巷	21604 胶带顺槽车场	220
	联巷	21602 胶带顺槽车场	100
	硐室	北翼火药库	100
	硐室	北翼2#变电所	100
	硐室	十六采区变电所	100
	硐室	十六采区泵房变电所	120
	硐室	中央1#、2#变电所	180
	联巷	北翼末部联巷	260
（3）西风井系统（总需风量：6 570×1.2＝7 884m³/min）			
十二采区	采煤工作面	21202 工作面	1 000
	综掘工作面	21205 胶带顺槽	450
	综掘工作面	21205 工作面2#联巷	450
	综掘工作面	21201 轨道顺槽	450
	综掘工作面	21201 胶带顺槽	450
西北翼	开拓工作面	西北胶带运输巷反掘	400
	开拓工作面	西北胶带运输巷	450
	开拓工作面	西北1#联巷	350
	开拓工作面	西北轨道运输上平巷	450

续表

采区名称	采掘布局（用风地点）		各用风地点 需风量（m³/min）
（1）东风井系统（总需风量：5 280×1.2=6 336m³/min）			
二水平西翼	开拓工作面	二水平西翼泵房	350
	开拓工作面	西翼胶带暗斜井	400
	开拓工作面	西翼胶带暗斜井下平巷检修通道	350
其它地点	硐室	西翼火药库	100
	硐室	西风井底变电所	100
	硐室	西翼充电硐室	100
	硐室	西北石门变电所	120
	联巷	西翼胶带运输巷	500
	硐室	西翼轨道暗斜井绞车房	100
通风系数		1.2	
东风机总排风量（m³/min）		5 280×1.2×1.05=6 653	
北风机总排风量（m³/min）		6 220×1.2×1.05=7 837	
西风机总排风量（m³/min）		6 570×1.2×1.05=8 278	
全矿井总需风量（m³/min）		（5 280+6 220+6 570）×1.2=21 684.0	
全矿井总排风量（m³/min）		21 684.0×1.05=22 768	

附表 C：

附表 C 矿井采掘配风基本标准及需风量汇总表（2014 年 1 月—2015 年 12 月）

采区名称	采掘布局（用风地点）		各用风地点需风量（m³/min）
(1) 东风井系统（总需风量：6 380×1.2＝7 656m³/min）			
七采区	采煤工作面	2703 工作面	2 100
	联巷	二水平东翼 1# 联巷	70
	联巷	二水平东翼 3# 联巷	70
九采区	综掘工作面	2903 胶带顺槽	400
	综掘工作面	2903 轨道顺槽	400
	联巷	2902 胶带顺槽车场	220
一采区扩大采区	综掘工作面	K2101 轨道顺槽	400
	综掘工作面	K2101 胶带顺槽	400
二水平开拓工作面	开拓工作面	二水平南翼胶带巷	350
	开拓工作面	二水平南翼轨道巷	350
	开拓工作面	21105 胶带顺槽	400
其他地点	硐室	东翼火药库	100
	硐室	东翼充电硐室	120
	硐室	东南翼 1# 变电所	100
	硐室	东南翼 4# 联巷	120
	硐室	东风井底变电所	160
	联巷	五采区辅助联巷	260
	硐室	东翼暗斜井中部变电所	90
	硐室	二水平东翼泵房变电所	180
	硐室	南翼 1# 变电所	90
(2) 北风井系统（总需风量：4 520×1.2＝5 424m³/min）			
四采区	采煤工作面	C2401 工作面	700
	采煤工作面	C2405 工作面	900
	联巷	四采区末部联巷	260

续表

采区名称	采掘布局（用风地点）		各用风地点需风量（m^3/min）
十六采区	综掘工作面	21601 胶带顺槽	400
	综掘工作面	21601 轨道顺槽	400
	采煤工作面	21604 工作面	1 000
其它地点	硐室	北翼火药库	100
	硐室	北翼 2# 变电所	100
	硐室	十六采区变电所	100
	硐室	十六采区泵房变电所	120
	硐室	中央 1#、2# 变电所	180
	联巷	北翼末部联巷	260
（3）西风井系统（总需风量：5 970 × 1.2 = 7 164m³/min）			
十二采区	采煤工作面	21202 工作面	1 000
	采煤工作面	21205 工作面	800
	采煤工作面	21201 工作面	700
十四采区	采煤工作面	21402 工作面	1 000
	联巷	西北轨道巷尾巷	300
二水平西翼	开拓面	二水平西翼内水仓	450
	开拓面	二十采区轨道巷	400
	开拓面	二十采区胶带巷	400
其它地点	硐室	西翼火药库	100
	硐室	西风井底变电所	100
	硐室	西翼充电硐室	100
	硐室	西北石门变电所	120
	联巷	西翼胶带运输巷	500
通风系数		1.2	
东风机总排风量（m^3/min）		6 380 × 1.2 × 1.05 = 8 039	
北风机总排风量（m^3/min）		4 520 × 1.2 × 1.05 = 5 695	
西风机总排风量（m^3/min）		5 970 × 1.2 × 1.05 = 7 522	
全矿井总需风量（m^3/min）		(6 380 + 4 520 + 5 970) × 1.2 = 20 244	
全矿井总排风量（m^3/min）		20 244 × 1.05 = 21 256	

参考文献

[1]安明燕,杜泽生.2007—2010年我国煤矿瓦斯事故统计分析[J].煤矿安全,2011,42(5):117-179.

[2]蔡峰,刘泽功.复杂矿井通风系统角联风路自动识别方法的研究[J].中国安全科学学报,2005,15(4):47-53.

[3]陈建强,魏引尚.碱沟煤矿通风系统稳定性分析研究[J].西安科技大学学报,2010,30(5):531-535.

[4]陈开岩,傅清国,刘样来.矿井通风系统安全可靠性评价软件设计及应用[J].中国矿业大学学报,2003,32(4):393-398.

[5]陈善乐,李琳.角联分支对通风系统可靠性的影响[J].现代矿业,2009,47(8):124-125.

[6]陈长华.风网稳定性的定量分析[J].辽宁工程技术大学学报(自然科学版),2003,22(3):45-48.

[7]程勒.利用噪声频谱进行风机故障诊断[J].无损检测,2002,22(4):162-163.

[8]迟鹏.核级离心通风机流场、运行性能及振动特性分析[J].中国新技术新产品,2017(5):47-47.

[9]戴国权.在复杂的矿井通风网络中确定角联分支中风流方向的方法[J].煤炭学报,1979,25(2):12-14.

[10]高品贤,余南阳,雷波.隧道空气压力波浅水槽拖动模型试验的实时检测[J].铁道学报,2002,22(3):43-46.

[11]高小跃,贺斌,马永.阜新盆地阜新组沉积环境与煤层中微量元素富集的相关性初探[J].煤炭技术,2009,23(2):101-104.

[12]郭建伟,陈开岩.复杂通风网络角联风流安全稳定性评价与控制[J].矿业安全与环保,2010,37(5):35-38.

[13]韩正菊.无损检测技术在煤矿通风机叶片上的应用[J].中州煤炭,2002,12(6):60-63.

[14]韩直.公路隧道通风设计的理念与方法[J].地下空间与工程学报,2005,1(3):464-466.

[15]黄元平,赵以惠.矿井通风系统的评价方法[J].煤矿安全,1983,33(12):67-71.

[16]贾进章,刘剑.角联分支的存在对通风系统可靠性影响分析[J].矿业安全与环保,2005,32(6):39-40.

[17]贾进章,刘剑.通风系统稳定性数值分析[J].矿业工程与环保,2003,30(6):10-11.

[18]贾进章,马恒,刘剑.影响角联风路稳定性的相关风路研究[J].辽宁工程技术大学学报(自然科学版),2002,21(3):267-230.

[19]贾进章,马恒.基于灵敏度的通风系统稳定性分析[J].辽宁工程技术大学学报(自然科学版),2002,21(4):428-429.

[20]荆双喜,华伟.基于小波—支持向量机的矿用通风机故障诊断[J].煤炭学报,2007,32(1):98-102.

[21]冷军发,荆双喜,张新红,等.基于细化分析的风机故障诊断研究[J].煤矿机电,2004(3):17-19.

[22]李湖生.矿井通风系统的敏感性和风流稳定性[J].淮南矿业学院学报,1997,17(3):32-37.

［23］刘剑,贾建章,刘新.用独立通路法确定矿井通风网络的极流值［J］.辽宁工程技术大学学报,2003,22(4):433－435.

［24］刘剑,贾进章.基于无向图的角联结构研究［J］.煤炭学报,2003,22(6):112－114.

［25］刘剑,李舒伶.角联风路的自动识别［J］.中国安全科学学报,1996,18(2):52－56.

［26］刘剑.矿井角联风路的自动识别与处理［J］.煤炭科学技术,1996,6(2):150－156.

［27］刘荣华,王海桥.用空气幕阻止粉尘向采煤机司机工作区扩散的模拟实验研究［J］.湘潭矿业学院学报,2000,15(3):17－21.

［28］刘新,刘剑.含有角联分支的通风网络平衡图研究［J］.矿业研究与开发,2005,25(6):76－78.

［29］刘业娇,刘红,田志超,等.应用事故树分析矿井通风系统不可靠问题［J］.矿业安全与环保,2015,42(2):116－124.

［30］陆秋琴,黄广球,管玉娟.确定影响矿井风流稳定性主要风路的神经网络方法［J］.化工矿物与加工,2004,33(7):21－23.

［31］马恒,贾进章,于凤伟.复杂网络中风流的稳定性［J］.辽宁工程技术大学学报(自然科学版),2001,20(1):14－15.

［32］马云东,胡明东,孙宝铮.回采工作系统模糊随机可靠性分析［J］.煤炭学报,1995,28(6):607－613.

［33］任志玲,付华,尹丽娜.煤矿通风机故障诊断的小波包方法［J］.辽宁工程技术大学学报(自然科学版),2009,28(4):596－599.

［34］石庆礼.基于 FCE 模型的矿井通风系统稳定性评价与应用［J］.山东煤炭科技,2016,36(8):89－92.

[35]王从陆,吴超,王卫军. Lyapounov 理论在矿井通风系统稳定性分析中的应用[J].中国安全生产科学技术,2005,1(4):46－49.

[36]王海宁,牛忠育,吴彦军.矿用空气幕控制井下循环风流的应用研究[J].矿业研究与开发,2010,2(1):84－87.

[37]王海宁,王花平,谢金亮.空气幕内气流场的数值模拟与分析[J].矿业研究与开发,2007,12(6):75－77.

[38]王海宁,吴超,古德生.多机并联增阻空气幕的现场应用[J].中南大学学报(自然科学版),2005,4(2):307－310.

[39]王海宁,熊正明,陈新根.矿用空气幕控制风流流动技术研究[J].中国钨业,2008,8(4):11－14.

[40]王海宁,张红婴.矿用空气幕特性试验与应用[J].煤炭学报,2006,10(31):615－617.

[41]王海桥.矿井通风网络的通风有效度分析[J].煤炭工程师,1990,22(2):21－23.

[42]王红刚,吴奉亮,王雨,等.基于灵敏度的通风网络风量异常值分析[J].煤矿安全,2008,39(9):39－44.

[43]王洪德,马云东.采用模糊综合评价法判定矿井通风系统的可靠性[J].煤矿开采,2002,7(2):55－57.

[44]王洪德,马云东.基于单元特性的通风系统可靠性分配方法研究[J].中国安全科学学报,2004,14(3):11－15.

[45]王洪德,马云东.基于故障统计模型的可修通风系统可靠性研究[J].煤炭学报,2003,28(6):617－621.

[46]王树刚,刘宝勇,刘淑娟.矿内空气非定常流动数值模拟分析[J].辽宁工程技术大学学报(自然科学版),2000,19(5):449－453.

[47]王文才,魏丁一,许哲.矿井立井提升设备活塞风动力系统效应研究[J].中国煤炭,2017,43(5):74-78.

[48]魏建平,何学秋,王恩元.矿井通风网络非稳定流动数值解收敛性分析[J].中国矿业大学学报,2004,33(3):295-297.

[49]魏引尚,常心坦.复杂通风系统的稳定性分析[J].西安科技学院学报,2003,23(2):119-122.

[50]吴超,王从陆.复杂矿井通风网络分析的参数调节度数字实验[J].煤炭学报,2003,28(5):177-181.

[51]吴勇华.空调系统管网调节的灵敏度研究[J].五邑大学学报(自然科学版),1998,12(3):34-36.

[52]谢中朋.庞庞塔煤矿通风系统阻力测定与安全性分析[J].能源技术与管理,2007,23(2):25-29.

[53]徐瑞龙,刘剑.井下通风构筑物的可靠性分析[J].煤炭学报,1992,3(5):48-49.

[54]徐瑞龙.风路的稳定性分析[J].煤炭学报,1988,14(6):43-49.

[55]徐瑞龙.通风网络的可靠度确定[J].阜新矿业学院学报,1985,20(3):56-59.

[56]袁文甲.井下通风系统稳定性的影响因素分析[J].山西焦煤科技,2015,8(2):102-103.

[57]张红梅,赵建虎,代克杰.基于信息融合的风机喘振智能诊断方法研究[J].仪器仪表学报,2009,30(1):143-146.

[58]张楠桢,唐豪.叶片扭转角度对微型离心风机性能的影响[J].重庆理工大学学报(自然科学版),2016,(9):49-54.

[59]张强,常心坦,许晋源.矿井风量监测异常值研究的模型与算法

[J].西安科技学院学报,1998,18(3):118-122.

[60]张胜利.多翼离心风机气动噪声的降噪[J].噪声与振动控制,2011,24(3):166-170.

[61]张素梅.多翼离心风机CFD分析及参数优化设计[J].风机技术,2011,11(4):40-42.

[62]张涛,孟宪举,李健.离心式通风机的数值模拟[J].河北理工大学学报(自然科学版),2011,33(1):86-90.

[63]张文军,欧泽深.选煤工艺系统的可靠性设计与可靠度分配[J].煤炭学报,2000,25(5):542-546.

[64]赵玲,唐敏康,江小华.循环型空气幕送风角度对隔断巷道风流效果影响的分析[J].中国安全生产科学技术,2015,11(3):34-39.

[65]赵千里,刘剑,杨长祥.矿井通风网络角联风路自动识别与分析[J].安全与环境学报,2001,1(6):19-21.

[66]赵以蕙.复杂风网中不稳定风流的方向判别及其应用[J].煤炭学报,1984,24(5):32-34.

[67]赵永生,许文兴,王跃明.通风网络灵敏度及衰减率的应用[J].山西矿业学院学报,1993,11(3):24-28.

[68]赵永生.用逐步线性回归分析法确定矿井通风网路风流稳定性的主要影响风路[J].山西煤炭,1987,10(4):37-40.

[69]周世宁.矿井通风网的某些基本性质及其在判别风向中的应用[J].煤炭学报,1982,30(2):152-156.

[70]周志杨,晏江波,王海宁,等.多功能矿井风流调控设施的研究与应用[J].中国安全生产科学技术,2016,12(6):48-53.

[71]朱川曲.矿井采运提系统可靠性模型及分析[J].煤炭学报,1997,

22(4):415 – 420.

[72]陈敏红. 基于时频分析的轴流风机故障诊断实验研究[D]. 大连:大连理工大学,2005.

[73]胡友林. 基于粗糙集的风机故障诊断专家系统研究[D]. 武汉:武汉科技大学,2006.

[74]李炎. 铁路隧道列车活塞风特性分析及理论研究[D]. 兰州:兰州交通大学,2010.

[75]司俊鸿. 矿井通风系统风流参数动态监测及风量调节优化[D]. 徐州:中国矿业大学,2012.

[76]万荣晖. 轴流式通风机数值模拟及气动噪声分析[D]. 大庆:东北石油大学,2017.

[77]王海宁. 矿用空气幕理论及其应用研究[D]. 长沙:中南大学,2005.

[78]吴奉亮. 基于 Internet 模式的通风计算可视化研究[D]. 西安:西安科技大学,2003.

[79]吴国珉. 典型有色金属矿山矿井通风系统优化与防尘技术研究[D]. 长沙:中南大学,2008.

[80]吴勇华. 复杂通风系统风量优化调节及调节灵敏度分析[D]. 西安:西安矿业学院,1990.

[81]肖玉清. 矿用空气幕阻隔气流及烟气的数值模拟研究[D]. 赣州:江西理工大学,2015.

[82]徐明伟. 三维通风可视化在矿井通风系统优化中的应用研究[D]. 廊坊:华北科技学院,2016.

[83]貟少强. 多因素影响下的张家峁复杂通风系统优化研究[D]. 西

安:西安科技大学,2017.

[84]屈世甲.矿井通风基础数据获取及网络图优化方法的研究[D].西安:西安科技大学,2010.

[85]张彦杰.风机叶轮动平衡检测系统的研发与优化设计[D].济南:山东大学,2015.

[86]章甘.轴流风机仿生流动控制降噪实验及数值模拟[D].长春:吉林大学,2015.

[87]陈开岩.矿井通风系统优化理论及应用[M].徐州:中国矿业大学出版社,2003.

[88]韩占忠,王敬,兰小平.Fluent:流体工程仿真计算实例与应用[M].北京:北京理工大学出版社,2014.

[89]黄祥瑞.可靠性工程[M].北京:清华大学出版社,1990.

[90]贾进章,刘剑.矿井火灾时期通风系统可靠性[M].北京:煤炭工业出版社,2005.

[91]李庆宜.通风机[M].西安:西安交通大学出版社,2010.

[92]马云东.矿井广义可靠性理论[M].北京:煤炭工业出版社,1995.

[93]苏清政,刘剑.矿井通风网络仿真理论与实践[M].北京:煤炭工业出版社,2006.

[94]吴玉林,陈庆光.通风机和压缩机[M].北京:清华大学出版社,2005.

[95]萧景瑞.矿井通风[M].徐州:中国矿业大学出版社,2002.

[96]谢中朋,王凯.矿井通风与安全[M].北京:化学工业出版社,2011.

[97]章梓雄.粘性流体力学[M].北京:清华大学出版社,2013.

[98]徐瑞龙.通风网路理论[M].北京:煤炭工业出版社,1993.

[99]俞启香.矿井瓦斯防治[M].徐州:中国矿业大学出版社,1992.

[100]张国枢,谭允祯,陈开岩,等.通风安全学[M].徐州:中国矿业大学出版社,2000.

[101]张国枢.通风安全学[M].徐州:中国矿业大学出版社,2008.

[102]赵玉新.Fluent 中文全教程[M].北京:国防科技大学出版社,2016.

[103]AQ 1011—2005,煤矿在用主通风机系统安全检测检验规范[S].

[104]AQ 1028—2006,煤矿井工开采通风技术条件[S].

[105]GB/T 2888—2008,风机和罗茨鼓风机噪声测量方法[S].

[106]MT 421—1996,煤矿用主要通风机现场性能参数测定方法[S].

[107]JOSEPH A S.高速列车空气动力学[J].力学进展,2011,33(3):404-423.

[108]BLAKE W K. Mechanics of flow-induced sound and vibration[M]. New York:Academic Press,1986.

[109]CHENG J W, YANG S Q. Improved coward explosive triangle for determining explosibility of mixture gas[J]. Process Safety & Environmental Protection,2011,89(2):89-94.

[110]CZECZOTT H. Air theory of diagonal branches [M]. Krakow:Krakow Mining and Metallurgy Institute(in Polish),2012.

[111]FENG CHANG GEN. Progress in safety science and technology[M]. Bei Jing:Science Press,2010.

[112]FONG C C,BUZACOTT J A. An algorithm for symbolic reliability computation with path-sets or cut-sets[J]. IEEE Transactions on Reliability, 2009,36(1):34-37.

[113] HARIRI S, RAGHAVENDRA C S. SYREL：a symbolic reliability algorithm based on path and cutset methods［J］. IEEE Trans Comput,1987,36 (10) :1224 – 1232.

[114]HARTMAN P F. Tunnel ventilation and safety in escape routes ［J］. Tunneling and Underground Space Technology. 2006,21(4) :293 – 294.

[115]HOWARD L H, Jan M M. Introductory mining engineering ［M］. New Jersey：John Wiley and Sons Inc,2002.

[116]ILSON S A,CARD G B. Reliability and risk in gas protection design ［J］. Ground Engineering,1999,32(1) :33 – 36.

[117] LAMMEL G, BOEHM, HANS J. Test rig for refrigerating and air conditioning machines ［J］. Glueckauf & Translation,1988,124(6) :193 – 197.

[118] MARZILGER B, KOMMALLEIN B . Improvement of duct walling materials to raise operational reliability ［J］. Glueckauf & Translation,2012,123 (24) :665 – 668.

[119]PETROV N N, BUTORINA O S. Reliability analysis of ventilation systems ［J］. Soviet Mining Science,1986,22(6) :491 – 496.

[120] PETROV, MELIKHOV. Investigation of strength and durability of transmission shafts of the main mine fans ［J］. Fiziko Tekhnicheskie Problemy Razrabotki Poleznykh Iskopaemykh,1997,4(4) :78 – 82.

[121]REZAEI S Z, JALALI S E, SERESHKI F, et al. Modeling of the reliability of ventilation networks［C］// International Multidisciplinary Scientific Geoconference-Sgem. 2009.

[122]SCHROEDER, CHRISTIAN. Reliability of main fans in coal mines ［J］. Glueckauf & Translation,1986,122(20) :367 – 370.

[123]SHAMIR U,HOWARD C. Water distribution systems analysis[J]. Journal of Hydraulics Division Asce,1968,94(1):219 – 234.

[124] SINGH A K, AHAMAD I, SAHAY N. Air leakage through underground ventilation stopping and in-situ assessment of air leakage characteristics of remote filled cement concrete plug by tracer gas technique [J]. Journal of the Mine Ventilation Society of South Africa,1999,52(3):102 – 106.

[125]SONG XIAOYAN,XIE ZHONGPENG. study on the optimization of ventilation system in zhongxing coal mine [C].//The 2nd International Symposium on Mine Safety Science and Engineering 2013.

[126] STACHULAK, JOZEF S. Surface mine fan installations at INCO limited [J]. CIM Bulletin,2011,89(10):59 – 62.

[127]SZLAZAKN,LIU JIAN. Numerical deterurination of diagongl branches in mining ventilation networks [J]. Archives of Mining Sciences,1998,12(3):43 – 45.

[128]THOMAS S. Feasible eigenvalue sensitivity for large power systems [J]. IEEE Transactions on Power Systems,1993,8(2):555 – 561.

[129] VANEEV B N,GORYAGIN V F. Calculation of reliability during optimal design of explosion proof induction motors [J]. Elektrotekhnika,2010, 61(9):19 – 21.

[130] XIE ZHONGPENG,WANG KAI. Determination of goaf three zones scope in pang zhuang mine and fire prevention technology [C].//The 2nd International Symposium on Mine Safety Science and Engineering 2013,57 – 59.